传统染缬艺术在室内装饰中的创新应用研究

——基于"经世致用"造物观视角

金 鑫 著

U0253840

吉林大学出版社

·长春·

图书在版编目（CIP）数据

传统染缬艺术在室内装饰中的创新应用研究：基于
"经世致用"造物观视角 / 金鑫著. -- 长春：吉林大
学出版社，2022.8
　　ISBN 978-7-5768-0938-1

　　Ⅰ.①传… Ⅱ.①金… Ⅲ.①室内装饰设计 – 研究 –
中国 Ⅳ.①TU238.2

中国版本图书馆 CIP 数据核字（2022）第 200286 号

书　　名	传统染缬艺术在室内装饰中的创新应用研究
	——基于"经世致用"造物观视角
	CHUANTONG RANXIE YISHU ZAI SHINEI ZHUANGSHI ZHONG DE CHUANGXIN YINGYONG YANJIU
	——JIYU "JINGSHI ZHIYONG" ZAOWUGUAN SHIJIAO
作　　者	金鑫
策划编辑	矫正
责任编辑	矫正
责任校对	陈曦
装帧设计	久利图文
出版发行	吉林大学出版社
社　　址	长春市人民大街 4059 号
邮政编码	130021
发行电话	0431-89580028/29/21
网　　址	http://www.jlup.com.cn
电子邮箱	jldxcbs@sina.com
印　　刷	天津和萱印刷有限公司
开　　本	787mm×1092mm　1/16
印　　张	15.5
字　　数	200 千字
版　　次	2023 年 3 月　　第 1 版
印　　次	2023 年 3 月　　第 1 次
书　　号	ISBN 978-7-5768-0938-1
定　　价	68.00 元

前　言

　　中国古代纺织品的防染技术，称之为"染缬"。染缬，从工艺分类上看，最著名的防染工艺有四种：绞缬（扎染）、蜡缬（蜡染）、夹缬（夹染）、灰缬（蓝印花布）。染缬艺术是我国传统的非物质文化遗产，具有独特的艺术性、丰富的文化包容性。中国传统染缬技艺的传承主要集中在三个中心：第一个中心是西南少数民族地区，第二个中心是江南乡村地区，第三个中心是古丝绸之路沿线及周边地区。历史上，染缬艺术在秦汉时期流行开来，在隋唐时期兴盛，两宋逐渐衰落。当代染缬界还是以明清以后的蓝染为主。

　　朴实无华、天然成趣的染缬技艺，曾经以自己独特而奇妙的美姿，点缀、美化着人们的日常生活，但是由于现代工业文明的冲击，信息化时代的到来，传统染缬艺术如今已经逐步边缘化，在缝隙中存活。由于机械印染成本低，产量高，而手工印染的印花质量难以把握，再加上手工制作的成本高，产量少，花型、色彩跟不上当今时尚的潮流，传统染缬技艺已经成为"文化的活化石"。改变中国传统染缬技艺的困境，恢复和创新本有的功能性，将传统染缬技艺与现代艺术设计相融合，立足民族本源，树立民族文化自信，探讨传统染缬技艺活化于当下的可行性途径，是我们亟待研究与思考的课题。

　　如何将传统染缬技艺与现代生活贯通融合，重新激发其生命力，近两年来我国相继出台了一系列政策：2015年"制定实施中国传统工艺振兴计划"被正式写入"十三五"规划纲要，2016年"工匠精神"被写入《政府工作报告》，《中国传统工艺振兴计划》也顺势而出。国家对于传统工艺保护和扶持的力度不断增加，在时代大势下，如何才能增强传统工艺行业自身的造血功能，寻找一条新生之道？"振兴传统工艺"要靠政策的扶持，更要坚实地落地。

　　当下亟待解决的是让传统染缬技艺尽可能生活化，以"经世致用"造物观为主旨，以"效用于日用之间"为目的。挖掘手工艺当中的当代传承价值，通过工业设计、商业包装等途径的建设，让染缬技艺回归到老百姓的生活中，提高染缬艺术的当代价值。让它变成我们身边能触摸到的、感受到的物体，这样才能长久地传承这项技艺。传统染缬艺术如果想长久地传承下去，必须走向设计化、商业化和产业化，打造形式多样的日常生活用品及文化休闲体验项目，逐步加快传统染缬与创意设计、现代科技及时代元素的融合。除了发掘染缬技艺的当代价值，良好的品牌运作与市场渠道也非常重要。有市场需求才能构建循环有序的健康流程，传统染缬技艺才能摆脱需求萎缩的困境。

本书以"经世致用"造物观为视角，研究传统染缬艺术在室内装饰中的创新应用。从经世致用思想的内涵切入，回顾中国经世致用思想的历史进程，强调《闲情偶寄》造物思想对于当今的设计风潮、对于我们现今的艺术创作的重要启示作用，阐述"经世致用"造物观对现代室内装饰设计的影响；阐述中国室内装饰设计的起源与发展，分析中式室内装饰的构成要素；探讨了室内装饰设计的基本要求，梳理了中国传统文化元素在现代室内装饰设计中应用的思想溯源，论述了中国传统文化元素在现代室内装饰设计中的传承与创新；在梳理传统染缬艺术的历史沿革与文化特征的基础上，阐述传统染缬技艺的分类及其表现手法，剖析传统染缬技艺的生存现状，并探讨传统染缬技艺的创新应用；剖析"经世致用"造物观下传统染缬技艺在现代室内装饰中的价值及应用；将"致用"作为基本出发点和价值判断标准，选取传统染缬技艺在当代家居产品和主题酒店室内装饰中的创新应用案例，探讨传统染缬技艺在现代室内装饰设计中应用的可行性；最后，对传统染缬技艺传承保护和发展，以及应用于现代室内装饰设计做了分析和展望。

本书的创新之处在于实验了将传统染缬作品使用合成树脂进行封装，并设想使用 PET 钢化膜新材料封装，为传统手工艺的展示提出了新思路。新材料的应用从展示形式上进行的创新既符合现代家居的需求，同时还适应了工业化生产的需要，是符合时代发展的创新思路。

本书存在的不足及需要深入研究的问题如下。

传统染缬技艺的功能性减弱，未能融入当下生活的需求。兰州交通大学管兰生教授认为，传统不能以年轻人喜欢的方式被接纳，文化就不能走入现代人的生活和内心。"非遗"之所以为"非遗"，主要是由于它未能融入当今民众的生活，当下生活对非遗的需求日渐萎缩，导致一些传统的手工艺逐渐退却在当代生活中，甚至导致一部分优秀技艺的消失。如果传统染缬技艺能够融入当下生活，非物质文化遗产就不再需要所谓的保护。中国西南民族研究学会秘书长、四川省非物质文化遗产保护专家委员会委员李锦认为，手工艺的发展需要市场和人群的需求。通过研究发现还有两个方面都值得继续深入研究。

　　第一个方面指染缬作品题材的地域特色开发、传统工艺的现代设计改造、色彩效果创新这三点还存在不足，对这三点的细节还需要深入研究。第一，本书研究地域特色的呈现，将鹤文化融入创作中，对于传统染缬作品来说是题材的创新，为本地区文创产品开发提出了新的思路，但是要真的开发成产品还需要解决多个问题，首先是工艺标准的制定，手工匠人制作工艺品一般依靠的是匠人多年积累的经验和手感，一旦需要组织工厂化生产就必须制定手工制作的标准，不然就很难保证产品的品质，所以制作标准的制定尤为重要，例如，西服的纽扣孔需要封边，手工制作西服的匠人是不需要查针数的，因为他有经验和感觉，但在流水线制作中就有每个锁眼封多少针才能保证这个细节的品质。工艺品的制作细节更多就需要细致地为每个细节制定生产标准，将最好的效果用数据固定下来才能使这项工艺真正进入量产阶段。同时还要想办法简化制作难度，比如在造型的控制上，除了划线还可以开发夹具或模具来减少出错的可能，进而减少差品率。第二，传统手工艺现代风格转化是所有传统手工艺共同面对的问题，本课题针对染缬工艺作品进行现代风格开发研究，将现代设计中的平面构成和色彩构成理念融入传统染缬工艺，呈现的效果非常新颖，在这个思路下还有很多的表现效果可以尝试，在构成形式上尝试了点的构成形式、线的构成形式，面的构成形式有待尝试；构成方式又有很多种，本项目实验研究了渐变构成，还有放射式、特异式、突变式等方式可以去尝试。第三，在色彩上筛选了三个色调，适合现代家居设计要求，分别是灰色系、粉色系和传统的蓝色系。色彩的使用还可以进一步实验，现有的色彩都是固有的色相，能不能进一步开发高级灰色彩，如近些年非常流行的马卡龙色系，传统染料色彩混合很容易使色彩变脏，所以这种色彩的开发需要精确地控制色彩的配比量，这就需要更加专业的设备和更加系统的实验来完成，其难度大大超出了本项目的研究范围。但是可以预见的是这种现代设计风格的传统工艺品是走进现代人生活的最好方式。

第二个方面在展示方式、展示效果上需要继续深入研究。本研究试验了一种新型材料改变了染缬作品的展示方式，将这一手工艺产品从单一的装饰功能拓展为使用功能，树脂材料包裹染缬作品可以开发出杯垫、盘垫等产品，继续开发既实用又适合生活的用品非常值得研究，受树脂材料应用的启发希望进一步开发 PET 钢化膜和染缬工艺作品的结合产品。

由于笔者能力与研究水平有限，本书仍存在许多不足之处，在今后的工作中将继续深入研究。

目 录

第一章 "经世致用"造物观概述

经世致用思想是中国思想文化传统宝库的文化遗产,它反映了中国传统思想家学以致用的学术取向和经邦济世的家国情怀。经世致用思想最早始于先秦,是以孔子为代表的儒家入世思想的重要表征。后来成形于宋,兴盛于明末清初,并成为影响较大的社会思潮。"经世"是指"经国济世",强调的是要有远大的抱负;"致用"是学用结合,强调理论联系实际。"经世致用"简而言之就是要求文化学术之事必须有益于国计民生,以社会效应作为衡估文化、学术事业价值的主要准则。在哲学思想上,它要求道与功、义与利、理论和实践的有机统一,既是一种价值观,也是一种方法论。具体到造物层面上,"经世致用"就是要求造物活动应该服务于社会、民生,以造物的功效作为衡估造物价值的主要准则。

室内装饰设计在一定程度上除了能反映特定时期人们的审美观和价值观,还能反映一个国家的文化特征、经济水平和精神生活等。将"致用"作为室内装饰设计的基本出发点和价值判断标准,"因用制器,以用为本;因地制宜,因材施艺;因用而变,不拘一格"[1],让传统文化元素在现代室内装饰设计中得到发展。因此,对于室内设计师而言,要充分迎合时代发展需要,结合当今社会审美走向,在室内设计中不断融入全新的设计元素,不仅要善于对西方室内设计成功案例的借鉴,更要努力开发传统文化资源,从中找寻新的设计思路、元素,设计出极具中国现代化风格的室内设计成品。

本章从经世致用思想的内涵切入,回顾中国经世致用思想的历史进程,强调《闲情偶寄》造物思想对于当今的设计风潮、对于我们现今的艺术创作的重要启示作用,阐述"经世致用"造物观对现代室内装饰设计的影响。

---

① 王硕. 中国传统文化元素在现代室内设计中的运用 [J]. 居舍,2021(12):11-12;71.

一、经世致用思想的内涵与特点

（一）经世致用思想的基本内涵

经世致用从其最初内涵看，是指经邦济世之学，能够有利于、有助于国家发展、社会民生实际问题解决的思想文化。在不同的历史时期，思想家对哪种思想能够解决国家民生问题、哪种思想对于经邦济世更有根本作用的理解是不同的。

在孔子所处的时代，经世致用思想按照儒家的理解，应当从仁爱之心出发，按照忠恕之道的原则，推己及人，最后达到自觉遵守礼的规定的程度。孔子认为一日克己复礼，天下归仁才是理想的政治治理目标。因此，从孔子思想的角度看，经世致用之学的根本在于基于从人人所具有、人人所能具的仁爱之心出发，达到礼的规定。

先秦时期，法家认为应当通过法的手段实现富国强兵才是真正的经世致用。而这在孟子看来，法家、农家、兵家所主张的举措都不足以解决经世致用的问题。孟子认为，政治治理的核心在于仁政，而仁政的基础在于选贤任能、合理分工。所以，孟子认为子产以自己的车帮助行人渡河的举动表明，其是"惠而不知为政"（《孟子》）的代表。最为根本的还在于儒家所强调的，以最高统治者为示范的德政才是王道。因此，在孔孟看来，经世致用思想应当从政治治理的根本处入手，这个根本就是儒家的从内圣到外王的结构。

这一结构，发展到荀子有了更为明确的认识，荀子认为理想的政治固然应当坚持德主刑辅的王道政治，但在具体政治制度的安排上当是礼法结合。儒家思想发展到荀子，应当说，将孔孟思想的经世致用取向发展得较为充分，并且将有利于国计民生的"霸道"或者法家思想的合理性要素也融合到儒家思想中。因此，在坚持内圣之学为根本、为主导的宋明理学家看来，荀子不是真正的儒家，历代统治者对荀子也不是很重视。

可以说，在孔子的经世致用思想中，内圣与外王并重，孟子都是秉承这一经世致用取向而来，但是孟子偏重于内圣，而荀子偏重于外王。到汉武帝时期，儒家取得独尊地位，通晓六经是掌握国家指导理论的思想经典，同时也是进行政治治理的根本原则，亦是知识分子实现从下层向上层流动的必要途径。在这一时期经世致用的具体表现就是"通经致用"。从汉代经学研究的基本结论看经典所具有的致用功能，则更能有助于我们掌握这一时期经世致用的思想内涵。

从《诗》所具有的致用功能看，可以了解民众的生活情况及他们对政治统治的看法和态度，从政治治理的角度看，这是告诫统治者要广开言路，深入社会了解民生疾苦，民间的歌谣集中地表现了民众的心声。因此，采风的实质意义不是收集民歌进行艺术欣赏，而在于通过对民生疾苦的了解掌握政治治理的得失成败，因而为改善现有政治治理状况提供必要的借鉴。

从《书》所具有的致用功能看，《书》中所记载的故事、言论是对古人治理国家的经验的积累，其中也有像《洪范篇》这样讲述国家政治治理基本原则的政治理论。因此，《书》不是简单的官方文件汇编，而是承载着前人政治治理的模式、政治治理的经验教训的经邦济世之书。

从《礼》所具有的致用功能看，《礼》在内容上主要是祭祀的礼仪规定，但是在其中承载着确立社会等级、按照等级分配社会资源并确立社会秩序的政治功能。

从《春秋》所具有的致用功能看，《春秋》所记载的不仅仅是历史，而是要从这些历史事实中总结出政治治理的成败得失，以及正确进行政治治理的原则。所以，在《春秋》经文基础上形成的《左传》《公羊传》《穀梁传》都是要贯彻以史为鉴的原则。有学者强调："把经世致用思想理论化并付诸实践的是儒家创始人孔子。他把经世致用思想注入儒家经典，使其成为儒家思想一以贯之的精义。他针对当时列国争霸、'世道衰微'的情况，撰写编年体史书《春秋》，企图用'褒贬''正名'的方法，达到'上明先王之道，下辨人士之任'使乱臣贼子惧的目的。"①

从《易》所具有的致用功能看，《易》反映的是一种对人类和社会发展的深切的忧患意识，如何在有限的对世界认知的基础上，把握事物发展的未来动态，成为社会存在和发展的基础性工作。因此，《易》要把"生生之德"所遵循的内在之理解释出来，反映了中国文化力求理性化地把握世界的精神取向。

---

① 刘信君. 史学经世致用思想的嬗变 [J]. 社会科学战线，1995（2）：126.

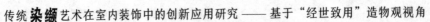

发展到宋明理学时期，经世致用的思想取向日益将内圣之学剥离出去，概念变得越来越狭隘。从程朱理学自身来说，他们认为自己讲求天理心性的义理之学才是具有根本价值的实用之学。但是，在陈亮、叶适等直接关注现实问题（诸如军事、工商业发展）的思想家而言，程朱理学是空谈性理，无益于国计民生。

到明清之际，经世致用思想具有了鲜明的特征，并且形成一种思想潮流。这一思想潮流主要与两个问题相关：一个是在思想文化领域，王阳明心学流布极广，发展至阳明后学时期，日益表露出狂禅倾向，尤其是思想家在总结明亡教训时，都归因于心学之空疏；另一个主要是在政治领域，明代统治者为了实现王权的高度集中，借助宦官和特务机构严密控制官僚集团，最终造成了宦官专权的日益黑暗的政治现实。在官僚集团中，出现了清议政治的派别。他们开始利用固有的思想文化资源对现实政治进行批评，并且对王学之空疏流弊也有所纠正，强调思想文化必须要面向国计民生实际，他们所利用的主要的思想文化资源还是经学，以此来反对理学和心学的不着实际。

综上所述，笔者认为经世致用的内涵可以从以下两个方面得到界定。

第一，从广义的经世致用思想看，一切有利于国计民生、有利于国家长治久安的思想都是经世致用思想。在这一意义上，中国传统思想文化凡是直接或者间接具有现实关怀和现实取向的思想都可以纳入这一范畴。

第二，从狭义的经世致用思想看，一切直接面向现实，直接有助于国计民生、国家长治久安的思想都是经世致用思想。在这一意义上，只有那些直面现实社会问题的思想文化主张才可以纳入这一范畴。从狭义的经世致用思想内涵看，程朱理学谈论心性的义理之学则不能纳入经世致用思想的范畴。

本书的研究主要取后一含义，因此，在论及中国思想传统所具有的经世致用的特征时，则是采取广义的经世致用思想的内涵，在论及作为思潮而存在的经世致用思想时，则是在狭义的意义上使用的。

（二）经世致用思想的特点

通过对经世致用思想内涵的历史演变的梳理和内在逻辑的展开，笔者对经世致用思想的特点进行如下总结。

第一，经世致用思想具有面向实际、以解决国计民生急需的问题为导向的现实主义关切。无论是明清之际的经世致用思潮，还是鸦片战争前后期的经世致用思潮，都反映了这样的特点：一方面，经世派思想家反对考据学的烦琐和宋学的空疏无用；另一方面，经世派思想家对现实政治的黑暗和弊端多有批评和揭示，并力图从改变政治状况、改善国计民生出发为统治者提供具体的解决方案。

第二，经世致用思想在具体内容上仍然坚持经典所提示的基本政治原则，但在具体学问取向上，主要致力于具体事务的处理，如传统的制度沿革、漕运、水利、盐政、税法、兵制、钱币等具体内容。在鸦片战争之后，魏源等人提倡学习西方的军事技术，进而对西方的历史地理、风土人情、政治制度、宗教文化亦都有所介绍，这在内容上突破了传统经世致用思潮的固有范围。由这个特征决定，不管龚自珍、魏源、林则徐等人对清王朝的腐朽政治统治如何批判，但他们都坚持封建王朝的政治体制不能改变，而是要通过整顿吏治，发展经济、军事，改变国家积贫积弱的现实状况。从这一点说，鸦片战争前后的经世致用思潮始终未能完全突出传统的政治变革和文化变革的藩篱，这与他们坚持的传统政治运行的基本原则是密切相关的。

第三，经世致用思想具有开放性的特征，为社会变革和文化变革提供了潜在的精神资源。经世致用思想由其面对现实的基本态度决定，构成经世致用思想内容的文化资源可以通过旧瓶装新酒的方式来表现自己，即通过对传统文化资源尤其是对传统的经典文献进行重新解读的方式来应对现实提出的挑战。由于中国处在封建社会的历史时期较长，封建王朝在统治过程中不断出现的政治腐败、土地兼并而来的贫富悬殊、重农抑商造成的经济发展迟滞等问题，总是带有着历史重演的意味。因此，经世致用思想在面对和解决这些重复性发生的问题时，原有的思想形式和思想内容仍然可以搬过来解决当前面临的问题；当面临新问题、新状况时，经世致用思想往往不拘泥于思想的具体表现形式和特定的思想内容。上述三种形式中，第一种形式经常为经世派思想家所采用，因为此种形式能够兼顾新旧政治势力和文化势力的利益需求和文化认知限度。第二种形式往往容易鄙视变革的保守倒退。第三种形式容易导致曲高和寡，既不利于经世致用思想主张的普遍被接受，也不利于在现实的政治经济治理活动中贯彻落实；因此，第三种形式构成了经世致用思想的主导形态。但是这三种形态都表现了经世致用思想的开放性特征。

二、中国经世致用思想的历史回顾

从儒家文化发展的历史看，经世致用最初是儒家思想入世—经世精神的具体表现。随着儒家文化的不断发展，以《诗经》为代表的文学经世、以《春秋》为代表的史学经世、以孔子开启的内圣外王相统合的修齐治平的经世传统逐渐形成。发展至明清之际和鸦片战争前后，先后形成两次较为系统的经世致用思潮。

（一）经世致用思想的形成、发展过程

从思想文化与社会发展的密切关系看，思想文化在原初形态上无不与社会历史发展的实际社会需要相关。中国思想文化，从远古文化发展到春秋战国时期，思想文化与时代发展需要的紧密关联更加突出。中国传统文化尤其是儒家文化特别注重关注国计民生。从孔子主要以《诗》《书》《礼》《易》《乐》《春秋》六经教书育人开始，儒家思想的入世品格即被确定。经世致用作为思想的现实取向，在中国文化发展的历史上一直存在，"孔子以后，儒家经世分为二：以孟子为代表的'内圣'路线和以荀子为代表的'外王'路线，但经世致用的入世精神仍一以贯之。秦汉以后，儒学经世呈现着复杂形态，在"外王"路线指引下建立的秦汉大一统帝国，因自身的矛盾而必须以'内圣'之学进行调整。至于程朱陆王，虽未抛弃经世传统，但已将用力之重点转移到宇宙本体的思考和个人修养的完善方面，救世风格淡化。理学末流则已有背于经世宗旨。因而叶适、陈亮为代表的反理学派应运而生。明清之际顾炎武、黄宗羲等重新高擎'经世'大旗，抨击空虚的心性之学。道咸间'经世'学者龚自珍、魏源则纠正清中叶沉溺于故纸堆的逃世学风。经世精神在近代中国各种政治派别中也各有运用

和发展。"① 这说明，经世致用思想从孔子之后分为侧重"内圣"和侧重"外王"两个方向并行发展。到龚自珍、魏源则对空疏学风进行激烈的批评，将学术研究和政治批评、政治变革紧密关联起来。

但"经世"一词首先源于《庄子·齐物论》："春秋经世，先王之志"②，意为："祖述轩顼，宪章尧舜，记录时代，以为楷模"③。可见，这里的"经世"做典谟、规则解，还不是后来所说的经世。至《后汉书·西羌传》中"忘经世之远略"④，此处的"经世"才具备了经世致用一词中"经世"的含义。因此，作为思想取向的经世致用取向在中国文化发展的传统中一直存在。但是，当我们深入考察作为思想潮流的经世致用思想时，我们必须要有所甄别。一般认为，经世致用作为明确的思想主张是从汉代开始的。从汉武帝开始，儒家思想开始从与诸子百家并行的子学变为一家独尊的经学，上升为国家运行的指导理论。在这一转变过程中，随着儒家经典的经学化，在汉代形成通经致用的思想传统及理论和现实紧密结合的现实状况。知识分子通过对经典的学习和研究程度被委以不同的官职。但是随着知识分子集中到学习儒家经典为主之后，对应着经典的各种家法和师学层出不穷，汉代后期出现了经学烦琐化的弊病，考据之学形成，原本承载着经世致用功能的经典在考据之学的兴盛之下，反而淹没不见了。通经致用的传统被割裂开来，只见以考据而达到通经，至于通经而致用的环节反而受到了普遍的忽视。

汉代发达的历史编纂开启了史学经世的传统，司马迁撰写《史记》的目的是"网罗天下放矢旧闻，考之行事，稽其成败兴坏之理……亦欲以究天人之际，通古今之变，成一家之言"，并希望"藏之名山，副在京师，俟后世圣人君子。"《史记·太史公自序》即把搜集和掌握的史料与现实结合对证，从中找出历史发展中的成败、兴衰的道理；也想探索上天和人类社会之间的关系，并期待后世的君主百姓接受他的观点治理、对待社会。《史记》所体现的以史为鉴的思想是显而易见的。班固撰著《汉书》的目

① 冯天瑜. 试论儒学的经世传统 [J]. 孔子研究，1986（3）：27.

② 孟森. 清史讲义 [M]. 北京：中华书局，2007：462.

③ 王先谦. 后汉书集解 [M]. 北京：中华书局，1987：21.

④ 王先谦. 后汉书集解 [M]. 北京：商务印刷馆，1959：3215.

的是维护东汉王朝的统治。他特别重视社会经济问题，看到了经济对政治的影响。[①]

这种经世致用的思想倾向，延续到宋代仍有继续发展，程朱理学兴起为经世致用观念注入了新的内容。但是，我们从经世致用思潮发展的角度看，由北宋开启而至南宋形成的宋学传统又具有偏重内圣的缺陷。

任何一种思想观念的萌发、形成及其发展、变化，都会经历一个或长或短的过程，都可能在不同的时空里呈现不同的表象或具有不同的内涵，但其所包含的基本精神或核心价值应该是一贯的。

多数学者认为："南宋以下，儒学的重点转到了内圣一面，一般地说，'经世致用'的观念慢慢地淡落了，讲学论道代替了从政问俗。"[②]特别是王学末流，高言性命，流于空疏清谈一途，终于导致明末满族以"夷狄"而入主中原的结局。不堪受辱的明末清初的一些士子精英如顾炎武、黄宗羲、王夫之等乃"高扬反清复明"的旗帜，大力提倡经世致用之学，对晚明学风，首施猛烈攻击，"大声疾呼，以促思想之转折"。[③]应当说，"正是这种忧患意识呼唤着经世致用，也就是明清之际的思想家在总结明亡教训、反思晚明的思想文化弊端而提出的面向现实的实学之风。明末清初，黄宗羲、顾炎武、王夫之等人志图匡复明朝，他们批判当时社会的弊端和宋明理学尚空谈脱离现实的错误，主张理论与实践一致，特别强调史学的经世致用思想。"[④]

发展至19世纪，前期和中期固有的汉学与宋学的争论逐渐发展到争无可争、辩无可辩的程度。考据学为主的汉学和义理之学为主的宋学、程朱理学与陆王心学都呈现相互融合的趋向，而进入19世纪之后，经历康乾盛世之后，嘉道年间，清代社会的政治危机和社会危机逐渐显露，而知识分子的主流仍然在考据学和为科举而攻研宋学的壁垒之中，根本无心面对现实并给予现实问题适当的解决。但从庄存与、刘逢禄开始，今文经学开始重新成为清代思想家用以面对现实、解决实际问题的思想资源。清代今文

① 刘信君. 史学经世致用思想的嬗变 [J]. 社会科学战线，1995（2）：127.

② 余英时. 中国思想传统的现代诠释 [M]. 南京：江苏人民出版社，1989：221.

③ 梁启超. 饮冰室专集之三十四 [M]. 北京：中华书局，1989：8.

④ 同①.

经学的兴起，发展至龚自珍和魏源，则由一种学术研究为主的思想形态，逐渐转变成经学议政为主导形态的思想研究和经世致用的实践相结合的思想行动的统一体。这种结合，在思想文献上的表现，就是传统经世文编的再一次出现。1826年，魏源在担任贺长龄的幕僚期间，编撰了《皇朝经世文编》，这一文编的体例是仿照《皇明经世文编》的体例而来，在该文编之后，陆续有经世取向的知识分子编辑此类文献。

在鸦片战争前，龚自珍从公羊学的升平、治乱、据乱的三世说衍生出治世、乱世、衰世的新的关于历史发展的观念，并且以此批评当时的政治情况，认为当时的中国处在衰世的阶段，在衰世中，最大的问题不在于社会问题丛生，而根本在于缺少解决实际问题的人才。因此，龚自珍一再呼吁，经邦济世的人才对于治理社会、挽国家于衰亡的急迫性与重要性。魏源、包世臣、姚莹等人也都先后在鸦片战争前后期对清政府所面临的内忧外患给予积极关切，并提出切中时弊的批评和有利于国计民生的政治、经济主张。他们极力主张改革，以挽救"衰世"。龚自珍、魏源等一大批经世致用学者以强烈的责任心和使命感，振臂高呼改革变法、除弊兴利，使得经世致用学风成为弥漫在明末清初思想界的一种共同精神。"经世致用"学风，在历史进程中始终是一波三折，但无论何时，它总以强大的生命力顽强地复生，在历史的长河中澎湃激荡，不可阻挡。

清王朝为了维护和巩固自己的统治地位，曾大力推行文化清剿政策，乾嘉时期，"由于久处承平之世而且统治阶级文网严密，士人学者皆不敢妄谈时政，纷纷转向故纸堆，从事名物训诂、典章考据一途，经世意识大大淡化了。当时，始终不能忘怀于经世致用的只有少数第一流的学者，无不充斥着强烈的经世倾向"①。经世思想不是一经形成就风靡于世的，在其发展的过程中和其他事物一样，经历了迂回曲折的漫长过程。经世致用思潮，随时势之变幻，跌宕起伏，消长向前。

（二）今文经学与经世致用思想的复兴

虽然乾嘉时期，统治阶级为了维护其统治，文网密布，致经世致用思想一度孤寂。从嘉庆到道光时期，正值中国封建王朝由盛转衰的历史时期，

---

① 余英时. 中国思想传统的现代诠释 [M]. 南京：江苏人民出版社，1989：258-259.

而到道光年间，鸦片走私造成的中国社会矛盾日益加深、封建王朝固有土地兼并日趋严重、社会贫富差距日益扩大，再加之天灾人祸导致大小规模的农民起义不断，甚至有造反者居然闯进皇宫。这些日益深重的社会矛盾使得一部分士大夫官员和知识分子从埋首于故纸堆的考据学和空谈心性的空疏之宋学中走出来，去面对现实的政治问题。

晚晴时期，经世致用思想的复兴，除与社会历史条件的变化直接相关外，还与统治者的指导思想有关，统治者为了解决封建王朝统治面临的实际问题，不得不求助于具有经世致用取向和能力的官员和思想家。在这一实际需求的推动下，道光帝明确强调"经之学，不在寻章摘句，要为其有用者""通经致用，有治人而后有治功，课绩考勤，有实心而后有实效"（《大清宣宗成皇帝实录》卷三百五十一）。在道光帝之后，许多具有通经致用才能的知识分子和官员受到重用，应当说，统治者对思想文化领域的管控策略发生改变也是导致经世致用思潮兴起的重要因素。而到了鸦片战争前后期，对经世致用人才的需求更为急迫，因此，整体的社会环境和统治对思想文化领域的管控策略的调整所创造出的相对宽松的文化环境都是经世致用思潮兴起的重要背景。

从思想文化发展的内部情况看，有清一代，程朱理学仍然是官方哲学，因此宋学在思想文化领域中始终占据着主导地位，与此同时，在经学内部，古文经学在汉代考据之学的研究模式下，已经穷尽了所有的可能，因此，考据之学的主要对象已经从儒家的经学转向诸子学。在古文经学发展到山穷水尽之际，许多专治经学者开始将目光转向今文经学。从庄存与、宋翔凤等人开始，今文经学开始逐渐复兴，并且用作关切现实政治发展的理论资源。这一经学议政取向的发挥，在庄存与、宋翔凤等人处还主要是通过学术研究形态自身表现的。就是说，在古文经学仍然占据主导地位的思想文化格局中，庄存与、宋翔凤等人开启了今文经学研究的先河，就是意在从经学研究的故纸堆中走出来，面向实际的国计民生。这一取向，经由刘逢禄而到龚自珍和魏源，终于发展出发挥经学直接议政的显形文化形态。

在鸦片战争前的时间范围内，经世致用的思想取向主要是龚自珍通过自己的诗歌和政论批判体现的。在鸦片战争后期，主要是通过魏源等人提出"师夷长技以制夷"（《海国图志》）体现的。但是，离开对中国思想文化传统发展演变的考察，我们单纯将经世致用思潮的兴起归结为鸦片战争的刺激或者是魏源、龚自珍等人的先知先觉都是有失片面的。

三、《闲情偶寄》造物思想

中国现代设计的发展多以西方设计思想、美学理论为基础，是在西方设计权威体系的架构及理论框架下不断探索与发展的。从实际发展来看，完全西式的设计实践活动方式和设计理论不能完全适应中国设计与发展的需求，无法很好地解决当前中国设计所面临的现实问题。而中华民族五千年文化源远流长，中国灿烂的造物历史及经典论著，不仅为我们留下了宝贵的经验，更为当代中国设计提供了别具一格的理论视角。

《闲情偶寄》被誉为"古代生活艺术大全"，对后世影响巨大。此书分为词曲部、居室部、器玩部等八个部分，在戏曲、服饰、修容、园林、建筑、器玩、颐养等诸多方面表现出很高的艺术造诣与生活审美情趣，故名列"中国名士八十大奇著"之首。林语堂曾评价其为"中国人生活艺术的指南"，认为它"对于生活艺术的透彻理解，充分显示了中国人的基本精神"[①]。

相较于其他古代著作，《闲情偶寄》所蕴含的造物思想更为系统、完整，并且具有鲜明的个性特点。《闲情偶寄》体现了因地制宜、和谐共生的造物自然观，提倡实用、适用的造物功能观，强调"宜简不宜繁""贵精不贵丽"虚实相生的造物审美观，提出造物思想的娱乐旨趣，突出造物思想"生活艺术化"与"艺术生活化"的特征，这些造物思想对于当下我们的现实生活，对于当今的设计风潮，对于我们现今的艺术创作都具有重要的启示作用。

（一）《闲情偶寄》造物思想的主要内容

1. 《闲情偶寄》造物思想的自然观

李渔在造物活动中对于"道"的认识主张顺应事物的内在规律，追求一种自然而然的状态。李渔在造物活动中遵循顺应自然、自然而然、天巧自呈的造物观念，即取自然之材、顺自然之道、以妙肖自然之手法，造自然而然之物。

---

① 林语堂. 生活的艺术 [M]. 长沙：湖南文艺出版社，2012：12.

（1）取之自然——造物材料

中国古代传统造物活动中对于材料的选择十分考究。在李渔看来材料的肌理、色彩、质地、属性等对造物活动有着十分重要的影响，在造物活动中，只有顺应材料的自然属性，自然而然地造物，才能"天巧自呈"。

李渔在广州游历时看见市场上售卖的器具大多是用梨花木和紫檀木制作而成的，虽然工艺十分精美，但却被镶铜裹锡掩盖住了原本材质的自然之美，犹如一口被打磨的明光烁亮的箱子上沾染了碎屑、一个精雕细琢的玉匣子上产生了裂痕，泯灭了它们原本的光彩。后来李渔重新选取了自然的材料，顺应其自然特性，制作了一口不钉铜钮的七星箱。

李渔还曾用枯萎的树枝制作过一扇"梅窗"（图1-1）。康熙八年（1669年）夏，李渔芥子园中的两株石榴树和橙子树被洪水淹死了，他见树枝弯曲好似古梅，老枝又有交错盘绕的气势。在开窗时，他突然灵思涌现，便吩咐工匠选取老枝中较直的部分，顺从其本来的形状，不加斧凿，构成窗户的轮廓。他又选取树枝中一面盘曲、一面稍平直的树枝做成两株梅树构成窗棂。这两株梅树一株自上而下倒垂而置，一株从下往上相呼应，形态十分生动。为了保持其天然的形状，李渔只去掉了平直一面树枝的节疤和树皮，盘曲面的树枝连疏枝和细梗都被保留下来了。窗户做好之后，他又用彩纸剪成红梅和绿萼点缀在疏枝细梗之上，仿若真的梅花跃上枝头。看似毫无用处的枯枝，经过李渔的创作又焕发了新的生机，并自赞此梅窗为"生平制作之佳，当以次为第一"[①]。以自然之材，造自然之物，在李渔的诸多作品及文论中均可见。

图1-1 梅窗

图片来源：https://zhuanlan.zhihu.com/

---

① 李渔. 闲情偶寄 [M]. 重庆：重庆出版社，2008：270.

在中国古代传统造物活动中，造物材料大多是从自然中提取的，这受制于当时科学技术水平的落后。现在随着科技的不断发展，各种先进材料应运而生，在提高人们生活水平的同时却也对环境带来了一定污染，人们逐渐意识到保护环境的重要性，以节约资源和减少污染为核心的绿色革命开始崛起，绿色环保理念成为现代设计的主流趋势。

　　在这种背景下，李渔取材自然的造物观对改善现在日益严峻的环境污染问题具有积极的作用。（图1-2）草木染是从花草树木的根、茎、叶、皮、果实中提取染料，为棉、麻、丝、葛等布料上色的方法。人类对于色彩最初的认识就是来源于自然界花草树木的斑斓多姿。早在新石器时代，人们就已经开始用草木染为衣服染色。《荀子·劝学》中的"青出于蓝而胜于蓝"[1]、《诗经》中的"青青子衿"[2] "绿兮衣兮，绿衣黄裳"[3]描述的都是植物作为天然染料的应用。草木染的方法是非常多样的，有生叶染、媒染、扎染、套染、敲拓染、煎煮染、发酵染等。草木染是我国古代几千年传承下来的艺术瑰宝，也是一项非物质文化遗产，因其天然、环保、无害的特点，在现代社会自然环境日益恶化的情况下，草木染越来越受到人们的关注。

图1-2 草木染

图片来源：http://art.ifeng.com/

　　诚然，自然材料具有绿色、安全、环保的优点，但是由于自身材料特性的制约，限制了其在现代设计中的发展。20世纪著名诗人戴望舒的作品《雨

---

① 荀子. [M]. 北京：中国文联出版社，2016：48.

② 诗经 [M]. 王秀梅，译注. 北京：中华书局出版社，2015：106.

③ 诗经 [M]. 王秀梅，译注. 北京：中华书局出版社，2015：158.

巷》给油纸伞赋予了浪漫、寂寞、忧伤的感情色彩，总是引起人们的无限遐想。油纸伞是中国古老的一种传统日用伞，其制作使用历史已经有1000多年了。油纸伞的制作全部由手工完成，制伞的材料也全都取自自然。它以手工削成的竹条做成伞架，以刷了天然桐油的宣纸作为伞面，外形清新自然富有韵味。但是由于木材自身特性的限制，油纸伞十分笨重，不便于携带，且工艺复杂，无法大规模批量生产。20世纪，尼龙钢架伞传入我国后，因其价格低廉、便于携带、可大规模生产等原因，逐渐取代油纸伞成为现代中国人日常使用的伞具。而油纸伞则成为装饰生活的艺术品。怎样突破自然材料特性的限制，与现代设计更好地结合，发挥自然材料之美是当前设计师需要思考解决的问题。

科技的变革推动了设计的创新与发展，自然材料在现代设计中的运用同样离不开先进科学技术的支持。例如，将照明设备与自然材料有机结合，自然材料质感、肌理、色彩与光影的融合，不仅能发挥自然材料自身的优势，更为空间意境的表达带来了丰富的视觉、心理体验。中国设计师杨明洁设计的"竹之光"（图1-3），其灵感来源于油纸伞，却无伞的功能，而是成了落地灯。以竹子作为灯架，以宣纸作为灯罩，骨架在光照的投射下使空间呈现立体层次感。与照明技术的结合将传统油纸伞的材料之美完好地保存了下来，又突破了油纸伞的使用局限，使传统自然材料之美在现代生活中发挥着价值。自然材料在科技的辅助下被赋予了新的时代意义，且使自然材料的表现力更为丰富立体。

在现代生活中，仅凭自然材料的使用是很难满足人们使用的需求和审美的需要。在大部分现代建筑中，单靠自然材料这一种

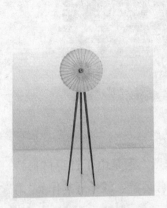

图1-3 杨明洁设计作品"竹之光"

图片来源：http://k.sina.com.cn/

原料是不可能构建支撑起整个建筑的，而在产品设计中，多种材料相结合的产品较单一使用自然材料的作品，无论是实用性还是美观性方面都是更高一筹的。基于此，设计师在创作时应将自然材料与人工材料结合起来，在保留自然材料原本色彩、肌理、质感的同时又加之人工材料的辅助，在表现形式与结构上形成鲜明的对比与互补。

（2）顺应自然——造物原则

造物原则是造物设计应遵循的原理和规律，是造物活动的行为规范。李渔对顺应自然的理解是两方面的：一方面是顺应物性的自然，即顺应材料的自然属性与内在规律；另一方面则是顺应环境的自然，指要因地制宜，人与环境和谐共处。老子在《道德经》中写道："以辅万物之自然，而不敢为"①，"辅"指辅助，即要使万物按照自己的趋势发展下去，不要破坏其自然规律，不与万物为敌。设计是一种改造客观世界的活动，但自然有其自身变化发展的规律，设计师应秉承尊重自然、顺应自然的设计理念。

①顺应物性

物性是指事物的本性，即事物本来的性质、状态。李渔在造物活动中所倡导的顺应物性就是指要顺应物体本来的状态，因材而用。李渔在《居室部·窗栏第二》中论及"顺其性者必坚，戕其体者易坏"②，阐明了其顺应物性的重要性。"坚"指坚固耐用，所造之物只有顺应材料本身的状态、性质，才更加坚固耐用。在选材方面，李渔注重物与物之间的属性关系，如在论及贮藏茶叶的方法时，他提到"贮茗之瓶，止宜用锡"③，认为贮藏茶叶的瓶子更适宜以锡制成，用锡制成的茶叶罐密封性好且没有金属异味，保鲜功能较其他材质的茶叶罐更胜一筹。

当今科技发展日新月异，设计材料种类也丰富多样，顺应物性，因材施用对现代设计而言可以使材料发挥最大的作用，呈现更好的效果。瓦楞纸是一种由瓦楞棍加工形成的波形板状物，它成本低、质量轻、加工方便并且安全环保，越来越广泛地被用于外包装设计，但较少用于食品销售包装。（图1-4）西班牙设计师阿德里安·赫斯拉（Adrienne Hessla）利用瓦

---

① 老子. 道德经 [M]. 北京：天地出版社，2017：436.

② 李渔. 闲情偶寄 [M]. 重庆：重庆出版社，2008：266.

③ 李渔. 闲情偶寄 [M]. 重庆：重庆出版社，2008：338.

楞纸设计了鸡蛋、水果和面包的包装。与普通纸质、金属、塑料包装相比，瓦楞纸不仅能提供更强的阻力来保存物品而且更环保。

图1-4 瓦楞纸包装设计

图片来源：http://www.4vi.cn/

顺应物性是要认识材质，知其效能，然后根据材料物性规律合理地用材。"顺应物性"作为一种造物观历来都是被十分推崇的。在制造家具时，人们利用木材不同的特性与纹理处理不同的结构；雕琢玉石时利用玉石的天然色彩制作出精美的玉器；在制作砚台时如利用石头天然的形态来构思造型等都是因材施用的体现。例如，榫卯作为中国古代建筑、家具及其他器械的主要结构，是指在两个构件上采用凹凸部位相结合的一种连接方式。凸出来的部分称为"榫"；凹进部分称为"卯"。它不用钉、胶作为连接的纽带，不附加其他零件，这种结构顺应了木材的特性，使以这种方法建造的家具和建筑更为结实耐用。榫卯结构的源流可以追溯到距今约7000年的河姆渡时期，它是中国古代人民的智慧结晶。2010年世博会中国馆（图1-5）和中国科技馆新馆都使用了这种结构，日本建筑师坂茂在2013年设计建造的苏黎世传媒集团办公大楼（图1-6），就是一座木结构

图1-5 2010年世博会中国馆

图片来源：https://www.quanjing.com/

建筑，其连接方式就是榫卯结构。

图1-6 苏黎世传媒集团办公大楼

图片来源：http://www.chinabuildingcentre.com/

②顺应环境

第一，因地制宜。

因地制宜是根据环境形势的具体情况，制定适宜的改造方法，因高就低、因山就势，灵活改变。李渔在《居室部·房舍第一》中论及"房舍忌似平原，须有高下之势，不独园圃为然，居宅亦应如是。前卑后高，理之常也。然地不如是，而强欲如是，亦病其拘。总有因地制宜之法：高者造屋，卑者建楼，一法也；卑处叠石为山，高处浚水为池，二法也。又有因其高而愈高之，竖阁磊峰于峻坡之上；因其卑而愈卑之，穿塘凿井于下湿之区。总无一定之法，神而明之，存乎其人，此非可以遥授方略者矣"[1]，在李渔看来，房屋忌讳建得如平原一般平，必须要有高低起伏。一般来说，前低后高，且应该根据地势的高低因地制宜。如果地势不是前高后低，而勉强这样做就会过于拘泥死板。

"因地制宜"这种造物思想在古代先民的造物活动中也早有体现。地坑院（图1-7），又称"天井院"，是古代先民穴居方式的遗存，又被称为北方的"地下四合院"。地坑院在河南三门峡陕县、山西运城、甘肃陇东的庆阳及陕西的部分地区均有分布。它的出现及发展与当地的地理环境

---

① 李渔. 闲情偶寄[M]. 重庆：重庆出版社，2008：255.

图1-7 地坑院

图片来源：http://image.baidu.com/

因素密不可分。豫西地区处于北温带大陆性季风区，常年干旱少雨，四季分明。这有助于土壤常年保持干燥、坚固，使窑洞建筑经久耐用。而半干旱性气候使得一年四季温差较大，更能体现窑洞"穴居"冬暖夏凉的优势。

对于当代设计来说，因地制宜更具有现实意义。现代科技的进步使设计中大量运用了新技术、新材料、新理念，而人们对于居住、生活的环境要求更高，这些因素都加快了城市化的进程和脚步。如若人们在设计时，不分析地形、地势，巧因于借，而只顾对原有地形的大力改造，不仅会浪费人力、物力、财力，更是对生态环境的一种破坏。岐江公园的设计案例就很好地发挥了因地制宜的作用。岐江公园（图1-8）位于广东中山市，原为粤中造船厂旧址，场内留有不少造船设备和厂房，已经沉淀为中山市人的历史记忆。岐江公园的建造并没有将原来的建筑、植物、水系等全部换掉，而是因地制宜合理地保留了原场地上最具代表性的植物、建筑物和生

图1-8 岐江公园

图片来源：http://www.zhongpengyu.cn/

产工具,运用现代设计手法对它们进行了艺术处理,将船坞、骨骼水塔、铁轨、机器、龙门吊等原场地上的标志性物体串联起来用叙事性的手法通过设计记录了船厂曾经的辉煌和火红的记忆。

第二,天人合一。

"天人合一"的思想是中国传统的哲学观念,"天"代表"道""真理""法则",也代表"自然"。"天人合一"强调天道与人道、自然与人为和谐统一。李渔在《居室部·房舍第一》中论及"堂高数初,攘题数尺,壮则壮矣,然宜于夏而不宜于冬"[①],厅堂有几丈高,屋檐有几尺宽,看起来是十分壮观的,但是它却只适宜夏天居住而不适宜冬天居住,"天"与"人"没有达到和谐统一。李渔提倡在造物中将人与自然看成紧密联系的整体,尊重自然规律,使人与自然与环境相和谐。

李渔强调"天人合一"造物观也是对中国传统文化精神的重视与传承。春秋战国时期,因急剧的社会变革与封建制度的建立,形成思想界"诸侯异政,百家异说"的局面。老子、庄子、孔子、墨子、荀子诸多学者纷纷著书立说,在碰撞、吸纳、融合中逐渐形成"天人合一"的学说。李渔借鉴先人优秀的文化思想融于造物之中,创造出自然和谐的人居环境。中国传统文化博大精深,当前随着科技、经济的飞速发展,文化交流的广度与深度不断增加,中国文化受到热切关注,如孔子学院的兴起等。设计作品逐渐成为文化传播与交流的媒介,而设计师作为文化的传播者更应自觉吸纳中国传统文化的有益成果与设计相融合,创造出具有中国文化内涵的设计。

(3) 妙肖自然——造物手法

师法自然,妙肖自然,是我国各种艺术门类在长期创作实践中所形成的一个历史传统。唐代画家张璪提出"外师造化,中得心源"[②]的艺术创作理论。"造化"指大自然,"心源"指内心的感悟。也就是说,艺术创作要师法自然,并且要利用艺术家内心的情思将自然的美转化为艺术的美。李渔在造物活动中力求达到"妙肖自然"的效果,他把自然之物与内心的情思相结合,将自然之美升华为艺术美。在普通人眼中,院落中的一块山

① 李渔. 闲情偶寄 [M]. 重庆:重庆出版社,2008:250.

② 张彦远. 历代名画记 [M]. 郑州:中州古籍出版社,2016:86.

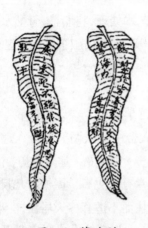

图1-9 蕉叶联

图片来源：http://wemedia.ifeng.com/

石可能是赘物和俗物，而在李渔眼中，它是具有多功能的雅器。

①有形的自然

有形的自然是指对具体的自然事物的崇尚和效仿。李渔在《居室部·联匾第四》中描写了蕉叶联的做法。唐代有蕉叶题诗，清代则有蕉叶联。唐代白居易曾写"闲拈蕉叶题诗咏，闷去藤枝引酒尝"①来记怀素在蕉叶上作诗之韵事，而

依照蕉叶的形状做成联匾就更富意蕴了。（图1-9）蕉叶联的制作方法是先在纸上画一张蕉叶，用木板照图纸上的蕉叶制作，一样两扇，一正一反，这样就不会有雷同。刷完漆后，开始书写联句，蕉叶的颜色宜用绿色，筋的颜色宜用黑色，字就适宜填成石黄色。这种联匾与洁白的墙壁相互映衬，即有"雪里芭蕉"之意境。

这种对自然之物进行模仿来造物的例子由来已久，如汉代的各种仿生灯具，牛灯、马灯等，鲁班研制的能飞的木鸟，东汉张衡发明的地动仪，这些都是从自然之中得到的启发。

自然之中包含着无尽的设计素材，是激发设计师创作灵感的源泉。现代仿生设计是以自然界万事万物的"形状""色彩""肌理""声音""功能""结构"等为研究对象，有选择地在设计过程中应用这些特征原理进行的设计，如开花吊灯（图1-10），它的设计者是来自俄罗斯莫斯科的产品设计师康斯坦丁（Constantin Bolimond）。开花吊灯的设计灵感来自花朵的形状和结构，灯罩由6片可以活动的花瓣组成，整个灯罩可以张合，像是一朵倒挂的花。在光传感器的作用下，吊灯花瓣的开放可通过环境的亮度控制：白天花处在关闭状态，天黑时花开始开放，天越黑，花开越盛。在花瓣开合的同时，

---

① 白居易. 白居易诗选 [M]. 郑州：中州古籍出版社，2011：192.

也控制了吊灯本身的亮度，一举两得。这款开花吊灯不仅模仿了花朵的结构，而且还模仿了花瓣与整个花朵之间的互动关系，将花朵的自然之美带入我们的生活中，为生活增添自然的乐趣。

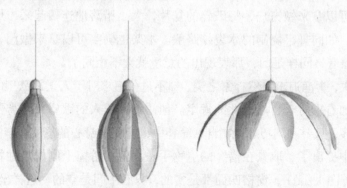

图1-10 开花吊灯

图片来源：https://huaban.com/

②无形的自然

无形的自然是指达到一种自然的境界。自古以来，厅堂在人们的生活中起着重要的作用。其内部的装饰与摆设，体现着中国古人的智慧与造物观。厅堂的墙壁不宜太朴素，也忌讳太奢华，名人的字画自然不可缺少，只是必须浓淡得宜，错落有致。李渔认为将名人字画裱成画轴贴于墙上容易破坏名人的手迹，倒不如直接画于墙上。于是，李渔便请了四位名家高手，在厅堂四边的墙壁上都绘上花草树木，再绘上缭绕的云烟，又将喜爱的禽鸟养在枝头，画是虚拟的，而鸟是真实的，当人们仰头观赏壁画时，就会看到枝头跳跃的鸟儿，在"树枝"中上下而动，而人便仿若身处于自然之中。

自然之美是无法自动转化成艺术之美的。设计作为一种具有主观意识的能动性创造活动，设计师在师法自然的同时，更需要加入设计师的思考，将设计之法与自然意识相结合，才能创造出符合现代审美的作品。

李渔在《闲情偶寄》中所提倡的自然观深受老子、庄子的影响，但是却有其突破传统哲学理论的一面。

首先，李渔提倡顺应自然、尊重自然，但是这是建立在一定审美基础之上的。例如他在《器玩部·制度第一》中提到"至入寒俭之家，睹彼以柴为扉，以瓮作牖，大有黄虞三代之风，而又怪其纯用自然，不加区画"①，李渔曾拜访过贫寒人家，看到他们用木柴做门，用瓮做窗户，虽然有古朴简洁的风味，却又不满意他们只懂得使用自然之物而不稍加修饰。他认为，瓮确实可以拿来做窗户，将破碎的瓮片，大小错落地连接起来，形成自然的纹理，如同哥窑烧制的冰裂纹路般。木柴也确实可以拿来做门，若使它们疏密兼有，同样是门，那表现出的意境就大不相同了。

其次，李渔追求自然朴素之美，却不过分追求对于人正常欲望的抑制，而是更加看重对于自然人性的肯定。他认为顺应人的欲望并不需要过分的华丽奢侈，只要利用巧思，在自然简朴中也能获得身心的享受。李渔在《居室部》中提出了"取景在借"的造物手法。他在游窗上制作了独特的"扇面窗"（图1-11），窗格四面都是实的，只有中间是空的。这样坐在船中，两岸的湖光山色就可全部收入眼中，并且这天然美景随着船舶的摇动还可时时变幻。制作扇面窗不需要花费很多，不过只需两块直木与两块弯木罢了，这样身心愉悦的享受不是金钱可以买到的。这是李渔造物的智慧所在，将平淡化为神奇，却又在平淡之中获得身心的享受，创造一种自然而又舒适的生活方式。

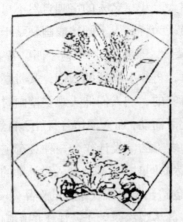

图1-11 花鸟鱼虫式扇面窗

图片来源：http://blog.sina.com.cn/

---

① 李渔. 闲情偶寄 [M]. 重庆：重庆出版社，2008：308.

李渔的自然观在继承了老子、庄子道家学说自然而然、无为而治的基础上又融入了明清文化思想中对于张扬自然人性的追求，使他的自然观呈现一种超越世俗又处于世俗中的两面性。一方面，李渔将世俗生活高度艺术化，追求精神上的自由逍遥；另一方面，李渔的自然观并非虚无，他将日常生活与自己的造物智慧相结合，给人们呈现了一种实实在在的自然而然。《闲情偶寄》中的自然观，是李渔一生生活智慧和审美经验的结晶，对我们今天设计实践及日常生活仍具有重要的意义。

2. 《闲情偶寄》造物思想的功能观

（1）物尽其用

李渔在造物时追求"一物而充数物之用"[①]，即物尽其用的造物功能观。他认为物凡有可用之处，都要尽量利用，他在造物时也尽量使物具备多重使用功能。最能体现这一思想的要数他制作的暖椅、凉凳了。古人在冬日里常用熏炉、被炉、炕炉来取暖，但是要在书房做事时，难免就要遭受寒凉之苦。李渔据此制作了"暖椅"（图1-12），暖椅造型像太师椅，但比太师椅宽大一些，可坐可卧。

他在椅座下、椅角旁安置栅栏，椅角四周镶板，中间设置火炉，又在上方添置一扶手匣，放置笔砚和书本，这样一来，全身都暖和了，还可防止砚池结冰，在炭火旁边可放熏香，既可熏香衣物还可祛除湿气。经过李渔的巧思，暖椅具备了坐卧、供暖、书写、熏笼、出行的多重功能，李渔还在暖椅两侧添加了两条杠子和靠背，这样又可做轿子来使用。凉凳则是将凳面中间挖空，在里面注入冰

图1-12 暖椅

图片来源：http://www.jdwan.com/

---

① 李渔. 闲情偶寄 [M]. 重庆：重庆出版社，2008：315.

水，以江西、福建瓦窑生产的方瓦为凳面，四周不设扶手和靠背，热了只需再换凉水。

设计的目的是解决问题，为人们生活提供最大便利。李渔“物尽其用”造物观念强调在产品满足人们基本使用功能的前提下，尽最大努力赋予产品更多附加功能，增强使用的体验感，具有人性化的特点。设计是以人为主体的创造活动，以人的需求为导向。现在社会经济的发展，物质的丰富，人们对产品功能的需求呈现高层次、多元化的态势。产品单一的使用功能已无法满足大众高质量生活水平的需要，多功能人性化的产品更受人们青睐。因此，设计师应从实际出发，对用户需求进行全面考虑，挖掘用户真正的需求。由于用户的实际需求更多体现在人们的生活、工作的细节中，往往用言语无法描述清楚，故设计师要将设计落实到大众的日常生活中，必须对用户进行细致入微的调查。只有在设计工作开展之前做充分、科学的市场调研，感同身受，才能将设计与用户需求有机统一起来，满足人们高质量、多样化的设计需求。（图 1-13）获得 2017 年意大利 A 设计奖项的蜂蜜包装设计，设计师运用了经典的蜂巢形状，打开后，六边形的小孔用来装小瓶蜂蜜。而将它翻过来展开，就成了一个西洋跳棋盘，品尝完蜂蜜，还可以用它来下棋，物尽其用，不仅减少了大量的包装浪费，还可以增添不少生活趣味；不仅满足了用户单一的使用功能，还增强了用户体验。

图1-13 蜂蜜包装设计

图片来源：https://https://www.shicuojue.com/

（2）物以娱情

“娱情”即是指使心情愉悦。李渔认为物不仅能给用物者提供使用功能，还可以给用物者带来精神上的享受，物以娱情。他在《器玩部》论及修饰床帐的方法时，称为"床令生花"。何谓"床令生花"呢？古时文人的桌上时常会放一些花卉，白天与它们亲近时，自有花香扑鼻，心情舒畅，而到了晚上便不能这样了。李渔便在床后做了一个三角架子，在架子上横置了一个托板，再用与床帐齐平的彩色纱罗进行遮掩，最后在托板上摆放自己喜欢的花卉，花香入梦中，梦中人也蹁跹似蝴蝶。

李渔所追求的物以娱情的造物观实际上就是指在设计中要注入对人情感上的关怀。设计在追求功能、结构、材质上的创新以外，同时也是情感表达的载体与方式。作为感性动物的人类，思想意识在一定程度上受到情感的支配。随着竞争的日趋激烈，人们生活压力逐渐增大，其消费意识逐渐从物质消费向情感消费转化。日趋成熟的消费市场对设计师提出了更高的要求，设计需要更多注入对人情感上的关怀。以人为本、情感关怀逐渐成为现代设计的一个重要内容。当前，设计师逐渐意识到这一问题，一些个性化、情感关怀性产品不断出现。猫、狗是人类忠诚的伴侣，给人带来情感上的慰藉，撸猫成为时下流行的减压方式。但养宠物需要投入大量的时间，日本设计师设计了一款治愈机器人（图1-14），从材质、颜色上不断向宠物靠拢，并且特意设置了一个可以摇摆的尾巴，当你抚摸它的尾巴时，它也如

HUSKY GRAY　　　FRENCH BROWN

图1-14 Qoobo 治愈机器人

图片来源：http://baijiahao.baidu.com/

真正的猫般，会相应地做出回应，给人们带来心灵的治愈。

美国心理学家马斯洛将人类的情感需求分为五个层次：生理需求、安全需求、社交需求、尊重需求、自我实现需求。要满足大众这些复杂的情感需求，设计师可以通过色彩、材质、技术的灵活应用，创造出具有情感温度的产品满足大众不同的情感需求，如红色使人情绪饱满、黄色给人以明亮温暖的感觉、绿色使人心情安定、蓝色体现忧郁等。在材质上，木材、

石材、皮革往往给人以质朴、恬适的心理感受，而钢材、水泥、玻璃则给人以冰冷、坚硬的感觉等。设计师对于消费者情感需求的捕捉，应建立在"以人为本"之上，如此才能和消费者产生情感上的共鸣。

（3）归正风俗、以正风气

李渔身处明末清初新旧交替的复杂的环境中，世风日下、人心不古、物欲横流、奢靡成风是当时社会的真实写照，有济世之心和渔樵之想的李渔希望通过《闲情偶寄》中所论及的一些造物观念能起到归正风俗、以正社会风气的作用。

李渔在《凡例七则》中写到"风俗之靡，日甚一日。究其日甚之故，则以喜新而尚异也"[①]，当时社会的奢侈之风，一日更甚一日，究其根本原因，李渔认为是因为人们喜欢新奇之物所致。对于新鲜奇异之物的追求并不违反法规，但是必须新鲜的合理、奇异的合法，才能不失人情事理的正道。对于当时社会上寻求怪异的风气，要求它完全回归到中庸之道上已经是行不通的，倒不如用合情理、合法规之物代替原先那些奢靡之物，所以他在《闲情偶寄》中提到了诸多新奇造物之法，如"活檐""梅窗""扇面窗""暖椅"等，他寄希望于这些造物之法能潜移默化地纠正当时的社会风气。从这个层面来说，造物的功能对于造物者具有直抒胸臆的作用，对于整个社会具有劝善惩恶，有裨风化的社会作用。

设计作为一种生产关系，产生于社会之中，是协调人与自然、文化、政治关系的平衡剂，与时代更迭、经济水平、政治兴废及人的思想意识观念都有着密切联系。设计不能孤立于社会单独存在，无论是建筑、家具、广告、交通工具的设计，都直接进入社会生活中，服务社会，成了构成社会的要素，具有鲜明的时代功能。李渔作为一名造物者，将社会的发展、国家的命运与自身的造物活动紧密联系。这种大格局是当下设计者所缺失的。设计创造是自觉的、有目的的社会行为，不是设计师意识的"自我表现"。它是应社会的需求而产生，受生产水平的限制，为社会、大众服务的。在市场经济下，设计起着推动生产和消费，促进文化传播的作用，也是提高国家竞争力的重要手段。所以，在新时代下，设计师更要树立正确的价值观，

---

① 李渔. 闲情偶寄 [M]. 重庆：重庆出版社，2008: 3.

自觉运用设计为国家的富强添砖加瓦。不能只将经济效益作为设计价值大小的评判标准，应综合考虑对环境、大众生活、国家发展的影响。引导合理消费，尤其在能源紧张、环境污染严重的大背景下，设计师应注重运用"绿色设计""可持续发展设计"的理念，节能减排。而随着世界联系的密切，文化多样化趋势的发展，文化交流、融合的深度与广度不断增强，设计产品也日渐成为一个国家形象的代表。国家品牌的树立离不开设计产品的支撑。中华民族传统文化博大精深，设计师应自觉树立"文化自觉观"，将中华优秀传统文化与设计相结合，向世界展示中国形象，让更多人了解中国。作为设计主体的设计师应该明确自己的社会职责，自觉地运用设计为社会服务，为人类造福。

3. 《闲情偶寄》造物思想的审美观

李渔的造物智慧中蕴藏着他独特的审美追求，这种审美观念是当时人文、政治、经济、环境共同影响下的产物，充满了李渔个人及时代的色彩。李渔集文学家的气质思想与艺术家的创造精神于一体，善以艺术的敏感捕捉生活中美的细节，并促使他发现美，创造美，构建了一个日常生活的审美世界。李渔的审美观念是一种辩证的审美，他以简为美却又不反对装饰，精于结构却又追求灵活的形态，以新为美又倡导朴素节约的思想，追求自然之美又重机趣。

（1）"宜简不宜繁"

古人云："大道至简"，大道理往往是十分简单的，简单到一两句话就可阐述清楚，造物亦是如此。李渔在《居室部·窗栏第二》中提出"宜简不宜繁，宜自然不宜雕斫。凡事物之理，简斯可继，繁则难久"[①]的观点。"简"指少而精，他提倡造物的自然简洁，反对结构的繁杂堆砌，过分雕琢，以"简"为美，追求少而精，简而雅。中国古代造物活动中，以简、雅为审美标准的器物不在少数，如宋代青瓷，青瓷是我国传统瓷器的一种，因表面施有青色釉而得名。宋代青瓷，釉色青绿如玉，开片冰纹蝉翼，造型简洁自然，色调单纯淡雅，简古平淡而达审美之极。宋代是中国瓷器的鼎盛时代，以定、钧、官、哥、汝五大名窑闻名。在中国古代瓷器中，宋瓷

---

① 李渔. 闲情偶寄[M]. 重庆：重庆出版社，2008：266.

图1-15 斗笠碗

图片来源:http://www.mingcaicm.com/

以造型简洁优雅、釉色洁净、图案清雅,其风格在中国陶瓷史上别具一格。诸如(图1-15)斗笠碗的造型,其线条简练却张力十足。宋代瓷器虽是单色瓷居多,但它有一很大的特点是其他朝代所产瓷器无法相比的,那就是:七分人工三分天成。如果是在明清,想在瓷器上表现山水通常会把山水画上去,而在宋代则是以诗歌比兴的意趣来做瓷,更有一种简约的意境之美。

"简"并不是无,而是设计的一种浓缩和提炼。20世纪30年代著名的建筑设计师密斯·凡·德·罗(Mies Van Der Rohe)提出"less is more"①,即"少即是多"的观点,反对过分装饰,华而不实,提倡用简单代替复杂,批判当时奢靡之风的盛行。在物质生活和科学技术日益丰富的当今社会,人们的审美水平也在不断提高,在选择产品时更倾向于简约而不简单的产品。"无印良品"的成功正体现了人们对于"简"的审美追求。"无印良品"是日本的一个百货品牌,与其说是一个品牌,它更代表着一种生活态度,对简之美的极致追求。原研哉是日本著名的设计大师也是无印良品的艺术总监,他所倡导的就是对简洁自然的极致追求,比如在(图1-16)无印良品的一则海鱼食品广告中,整条鱼的身子部分是空白的,只剩下了头部和尾部,并在一旁注明,"鱼尾和鱼头也是美味的佳肴",并且文字和图形都只是用单色的线条勾勒。又如其设计的无印良品的手提袋(图1-17),自始至终坚持使用无污染的环保材料,而且多使用黑、白、灰三种颜色,甚至在一段时期内,连无印良品的LOGO都不印在上面,其所追求的就是这种简约的效果。倡导设计之简也是节约资源、避免浪费的一种方式。设计可以引导我们生活方式的改变,当下自然资源日益紧张、

---

① 王受之. 中国现代设计史 [M]. 北京:中国青年出版社,2015:324.

环境压力与日俱增，以简为美，有助于我们建立环境友好型、资源节约型社会，实现绿色可持续发展。

图1-16 无印良品海报

图片来源：http://www.
ctoutiao.com/

图1-17 无印良品手提袋

图片来源：https:
//www.1688.com/

（2）"贵精不贵丽"

李渔在论及房舍的样式时提出："贵精不贵丽，贵新奇大雅，不贵纤巧烂漫"①，居室的样式，贵在结构的精致而不贵在外表的华丽。结构是物的骨骼，支撑着整个物体，精致合理的结构本身就是一种美。好的设计不在华丽的堆砌，而在于整体结构的简洁与精致。明式家具（图1-18）就以简洁的外形、精致的结构、考究的用材，在中国家具史上独树一帜。明式家具使用了攒边装饰及各式各样的帐子、牙条、角牙、卡子花等，加强了结点的刚度，促使整体稳固如磐石。在制作方法上使用了榫卯工艺，不

图1-18 明式家具

图片来源：http://art.ifeng.com/

---

① 李渔. 闲情偶寄 [M]. 重庆：重庆出版社，2008：251.

用钉、胶，使外形简洁大方，结构精致合理。

（3）"以人为本"的造物审美观

李渔坚持以人为本的原则进行造物，突出强调人的重要性。在《闲情偶寄》中，他把人们对现实生活的需要作为关注的重心。一是注重人的主体性，关注自我的享受，将自我对美的欣赏、感受和创造融于造物实践之中。在李渔心中"世间万物，皆为人设"①，人是万物之灵，是美的存在的载体。在他看来，"食色，性也"②。人的本性、欲望存在于日常生活中，无论是生理层面还是精神层面都应该得到满足。《闲情偶寄》中论述的"鄙事"是日常生活中人们最为现实的需求。李渔强调以人为中心，服务于人，便利于人。二是注重人与人之间的差异性。针对不同的个体，他给予了不同的创造性建议。由于"人有生成之面，面有相配之衣，衣有相配之色，皆一定而不可移者"③。在选择服装时，要因人而异，扬长避短，寻找最适合自己的衣着。在首饰的搭配中，他告诫妇女以时花代珠翠，不仅美观雅丽，而且贫贱富贵者均能使用。三是注重人的审美感受。李渔在造物实践的过程中，还综合考虑自己与他人的审美需求，以此达到娱人娱己的审美效果。在扇面窗的制作中，李渔就考虑到，若自己在窗内向外看是一幅山水画，他人在窗外向内看则呈现一片欢娱之景。如果再另制一扇纱窗，并绘上灯色花鸟，到了夜间，挂上一盏灯笼，从外视之，即是一盏扇面灯；从内观看，亦光彩照人、美轮美奂。

（二）《闲情偶寄》造物思想对解决当代生活与艺术问题的启示

艺术作为人类文化中不可或缺的重要组成部分，是和人们的生活密不可分地联系在一起的，艺术的基本功能就是通过艺术活动来教化社会成员、协调社会关系、传递文化、道德和人们的行为方式，可见艺术和社会成员的日常生活及其意识形态是高度吻合的。艺术与生活的关系一直以来就是美学发展过程中不断被争论的焦点问题，艺术与生活的完美结合是美学的一个现实目的。孔子曾谈到"知生"的三个基本层面，即怎么活？为何活？

① 李渔. 李渔全集（第3卷）[M]. 杭州：浙江古籍出版社，1992：282.
② 李渔. 李渔全集（第3卷）[M]. 杭州：浙江古籍出版社，1992：108.
③ 李渔. 李渔全集（第3卷）[M]. 杭州：浙江古籍出版社，1992：132.

活得怎么样？在这三个话题隐含的意义中都具有不同程度的形而上的内涵，但都基于"人活着"这一绝对直接的事实，也就是生命的缘起与"此在"的存在现实。这三个话题中，第一个问题是关于个体生存与生活的方式；第二个问题是关于个体整个人生的价值和意义；第三个问题是关于个体人生的状态与境界。从古至今，无论是儒家或是道家，还是在某种意义上也包括禅宗，它们都是把生存的意义定位于此生此世，定位于一种实际的审美化的现实生活方式，而不是把生存的意义寄托于某种道德形而上或者是某种彼岸的神灵，也不会为思想中某种虚构的神灵献身，而就是定位于现世的、实际存在的、日常的、审美化的生存方式、诗意境界和实际实现，才是他们的理想中的生活生存，才是个体生存的幸福之所在。可见，艺术的生活不是形而上的虚幻艺术，生活的艺术也需要脚踏实地的现实存在，艺术与生活的完美结合是古往今来人们至上追求的现实目的，生活离不开艺术，艺术为生活而存在。

1. 造物讲究"简""适""奇""雅"

李渔的《闲情偶寄》造物活动涉及戏剧表演、服装妆饰、建筑园林、房屋陈舍、家具古玩、饮食烹饪、养花植树等诸多内容，在他的造物活动中明确地提到了"崇尚俭朴""置物但取其适""贵新奇""雅莫雅于此"的造物思想，李渔在承接古人哲学审美的生存理念基础上，在"怎么活"这一基本生活方式的问题上，显出它独特的生活艺术价值。审美观念是由审美经验的积累和归纳而形成的美的意识的反映形态。它是一种体现着事物审美特征，体现着美的规律的典型的意向。我们当代人由于科技的进步和制造技术的完善，创造俭简适用与新美雅致并具有高度审美价值的产品，仍然是当前设计制造业的主流，以及将俭简、适用、新美和雅致美学思想巧妙和谐地统一在生活美学观念中，并将其达到高度统一，是我们当代设计师责无旁贷的基本责任。

2. 生活艺术化

李渔造物思想中的生活艺术化及艺术生活化观点在他的作品中随处可见，李渔的艺术生活思想将"怎么活"的答案阐释得淋漓尽致。生活可以成为审美的对象，因而也就是审美快感的源泉。快乐与幸福问题不是一个伦理学问题，更不是一个宗教信仰的问题，而就是一个美学问题，是审美而不是道德才能给人提供幸福，才能使个体的生存得到价值和意义。

人作为生命个体，总是与日常生活息息相关，日常生活首先便作为人的生命价值的确证和最初的展开。离开了日常生活，人的其他一切活动便都无从展开。从《闲情偶寄》中我们看到了李渔对日常生活审美的重视，他把自己的美学理论和生活实践天衣无缝地结合过程中，发展和生成了自我，他把他自己的快乐通过《闲情偶寄》传授给别人生活美学的同时，在对别人生活的关注中也体现出他自身的存在价值。我们当代人生活在科技时代，人们在日趋技术化、理性化的社会中全力谋求不断膨胀的物欲满足，在物质生活不断富足的同时，相伴而生的是生活的迷惑和生活意义与价值感的失落、越来越缺少批判与反思的意识。人们对生活的期望越来越高，心理兴奋的阈值也越来越高，人们越来越看不到平凡生活的价值。基于此，李渔艺术化的生活方式、致力于美与生活、艺术与个体生命的融合的追求，积极地把我们人生的生活，当作一个高尚优美的艺术品来创造，使它艺术化、理想化，其生活审美化的理想形态是主体的自我追求与超越，是主体审美情趣的自觉地发现与物化。其丰富的生活美学思想依然值得我们当代人来领悟、来引用。"人生本来就是一种较广义的艺术，每个人的生命史就是他自己的作品。"[1]

3. 闲情生活

追求休闲生活，自古有之。早在几千年之前的庄子，就十分推崇闲适的生活，他在《齐物论》中说道"大智闲闲，小智间间"，认为懂得追求生活中闲情的人是智慧的。朱光潜先生曾这样概括了情与美的关系：第一，情发生于审美主体参照审美客体的过程中；第二，在移情过程中，审美主体将自己的感觉、思想、情感、意志等移植或称外射到审美客体中，使审美客体染上审美主体的色彩；第三，审美主体在"外射"的感觉、思想、情感、意志于审美客体的同时，也会自觉或不自觉地受到审美客体的影响，在不知不觉中与审美客体融为一体，从而产生强烈的共鸣。[2]李渔闲于情的造物思想是他生活观最典型的写照。"妻孥容我傲，骚酒放春闲。独喜林泉福，

---

① 朱光潜. 朱光潜全集（第2卷）[M]. 合肥：安徽教育出版社，1987：91.
② 朱光潜. 朱光潜美学文集 [M]. 上海：上海文艺出版社，1982：24.

天犹不甚悭"①"极人世之奇闻,擅有生之至乐"②"随时即景就事行乐"(李渔《闲情偶寄·颐养部行乐第一》)等关于闲情行乐的思想贯穿于他的整个造物思想之中。李渔生动地回答了"活得怎么样"的人生真谛。李渔在日常生活及其生活环境中注入精神、文化的审美内涵,在物质享乐的同时,寻求精神的享受,创造一种既符合实用需要,又宜于遣兴雅赏、充满逸趣幽韵的生活方式。

中国历代文人雅士流连于山水花草之间,畅谈于名阁雅斋之中,在悠闲的生活中感悟人生,以一种超脱的精神追求越乎世俗规则之上的自由。于我们现代人而言,李渔的这种在物质世界和精神世界中驰骋的生活方式更能贴近于我们的生活期望。李渔的生活美学,在物质极度匮乏的条件下也不忘对雅致生活的要求和经营,在物质丰富的情况下,也以"节俭"为准追求淡雅的审美格调。他生活的艺术,不是在于物质的占有和满足,而更多的是在物质占有之外,所呈现的精神面貌。他在事物中投射情感和意志,在生活实践中体现自己的思想观念和审美趣味,有着他自己的精神世界和追求。李渔的造物思想也给我们当代讲究高档休闲消费的人们以善意的提醒:休闲体验中的快乐并不仅仅来自外在物质生活,注重精神的陶冶才是最重要的,同时它又给那些经济不富裕的低收入者以有益的借鉴,只要具有一个平和、悠闲的心境,就是平淡的日常生活也会带来轻松、愉快的休闲体验。

休闲已成为我们当代人重要的生活方式之一。人们孜孜以求讲究生活内容的情趣,讲求生活环境的诗情画意。而李渔,身体力行于创造理想的生活,鲜明地体现了以人为本的理念,切合现代社会人们尽情享受美好生活的基本原则。李渔所提倡的生活理念和追求的生命境界,以及对生活美学的很多宝贵经验可以指导我们的休闲生活的审美实践。

生活与艺术作为一个社会物质存在、精神文明程度和社会心理体验满意度的重要标志,也是衡量人们日常生活期望值与幸福指数的重要表征之一,它反映了人作为社会的主体的自我追求和超越,是人类生存发展的本源和动力。我们当代人既要形成对生活的正确的审美态度,提升人们的生

---

① 李渔. 闲情偶寄 [M]. 上海:上海古籍出版社,2000:91.

② 李渔. 闲情偶寄 [M]. 上海:上海古籍出版社,2000:350.

活品质指数，又要警惕当代日常生活的充分审美化，使审美化成为普遍的社会生活形式。在当前物质繁荣的生活状态里有一个清醒的认识，也不能过度地沉溺于享乐，要树立正确的积极的生活审美观，努力去拥有一种充满朝气、拥有理想、富有意趣的、现代的、艺术化的生活方式。这就是李渔造物思想中在艺术和生活方面给我们的启示。

四、"经世致用"造物观对现代室内装饰设计的影响

中国传统室内装饰在当代空间装饰设计中仍然占有重要地位，它的优势在于对传统文化的继承表达上的直接性，有着深深的民族情结，是室内装饰设计营造手法上常用的处理方法。无论是直接运用传统的中式家具、艺术品、工艺品，还是具有吉祥寓意的装饰图案的提取，都使传统文化元素在室内设计中独具魅力。而在中华传统造物思想体系里，要时刻以人为本，遵循自然发展规律，坚持可持续发展理念，我们必须要适应自然、顺应自然与尊重自然，遵循发展规律，是不以人的意志为转移的。遵循客观规律，在合理的造物基础上将传统的设计智慧凝结于造物的理念当中。"经世致用"思想所带来的关注现实，注重实效，学问须有益于国事，有着历史的进步与积极意义。下面笔者以宁波红妆家具和齐齐哈尔市艺术衍生品为例，探讨"经世致用"造物观对它们的影响。

（一）"经世致用"造物观对现代室内装饰设计的影响实证——宁波红妆家具

无论是浙东学派提出的"切于民用"的社会主张，还是"工商为本"的经济主张，或是"道无定体，学贵适用"的治学主张，"本于经术，足以应物"的实践主张，义利统一的道德主张，其价值判断最终落实在"致用"上。因此在这种思想的影响下，造物者将"致用"作为造物的基本出发点和价值判断标准，在造物活动中给予"用"最周全、最细致的关照和考虑，并最终体现在对生活之用、教化之用、审美怡情之用的关注上，也造就了独具地方特色的宁波红妆家具。

1. 对生活之用的关注

宁波红妆家具作为和人民日常生活实用密切相关的家具品种，造物者对于"用"的关注直接影响到红妆家具的品类、功用、材料、工艺、形制、装饰。蕴含于其中的一些造物原则以"因用制器，以用为本；因地制宜，因材施艺；因用而变，不拘一格"最能反映"经世致用"的造物观。

（1）因用制器，以用为本

明清时期，宁波社会安定，经济发达，人民日常生活的多样性和生活内容的丰富性促进了民间造物的需求和水平。为了更好地服务于生活之用，生活用品的种类越来越多样化，功能也越来越专业化。宁波红妆家具中的小木作——桶就可窥见一斑。从功用上分，现在存留下来的桶就有十多种，如吊水桶、挑水桶、果桶、面桶、粉桶、马桶、子孙桶、洗澡桶、洗衣桶、饭桶、酒桶、茶壶桶、讨奶桶、茶道桶、梳头桶、麻丝桶等。其种类之多、分工之细较之现代生活器具也有过之而无不及。再从其形制来看，每种桶也根据使用功能造型各异，如讨奶桶通体浑圆，在桶口沿一侧突出一半圆形漏斗，便于与身体直接接触接奶，避免造成身体不适。相对一侧则伸出一始向内而后外拗的把手，适于单手把持，保持桶身水平，整个过程不需借助他人帮助即可顺利完成。讨奶桶虽小却反映出造物过程中"以用为本"的独特匠心。

（2）因地制宜，因材施艺

一个地区独特的风土人情必然造就其独特的造物文化。宁波地区的能工巧匠遵循"经世致用"的思想，从实际情况出发，结合本地独特的材料及特色工艺，造就了独具特色的宁波红妆家具。宁波工匠口传的"惜木如金"和"重漆不重雕"原则就是对因地制宜，因材施艺思想活的解读。

惜木如金：宁波本地出产的木材主要以软木类为主，几乎不出产硬木。红妆器具大多遵循因地制宜、就地取材的原则，采用白木制作。对于贵重材料，宁波工匠心怀崇敬，为达到尽可能省材料，但又不影响功能和美观的目的，贵重的材料通常只用在最关键的器具和部位上，如花轿、婚床、大家具的面子、点睛用的"吉子"。即使对于普通的木材也绝不浪费，做到物尽其用。宁波"一根藤"的"拷头"工艺就是建立在尽可能利用木材余料基础上的。

重漆不重雕：朱金木雕工艺是红妆器具中应用最多的工艺。由于大部分的红妆器具都是用普通白木制作，木质较为松软，纹理也不够均匀，不适宜精细雕刻，因此多用朱漆或朱金漆工艺来进行修饰。一方面可以掩盖普通木材相对粗糙的纹理，另一方面也可以弥补雕刻中的一些缺陷。因此，在红妆器具的制作中通常更注重漆工艺，而雕刻工艺则是放在第二位。髹漆工艺和普通木材的结合反映了宁波工匠因材施艺的思想是从实际情况出发，充分发挥主观能动性，调动环境积极因素，变材料劣势为优势的经典案例。

（3）因用而变，不拘一格

"经世致用"的思想培育了宁波人务实求是，开拓创新的精神，反映在造物思想上就是一种设计的创新精神。通常来说，红妆器具中的外房家伙由于是公开展示的，受到的社会约束较大，容易拘泥于程式。但是内房家伙多放在内室，私密性较强，因此主要是从实用考虑，在创新性上就表现得比较明显。例如，红妆家具中比较典型的小姐椅就是对普通椅子的创新性改造。小姐椅不仅整体尺度小于普通座椅，便于身材娇小的江南女子倚坐，而且还在座面和椅枨之间设一隐秘抽斗，供女性沐浴或沐足时临时存放袜子、小鞋、剪刀、缠脚布等隐私物品。这种独特的设计完全是为了实用而创造的。与之类似的隐秘性的设计还有很多，如有的房前桌会在后面做半个抽斗，靠在窗下，需移开桌子才能知道。有的房前桌竟在角花内藏个三角抽屉，不设拉手，和挡板一样平整，只有器物的女主人才能知晓其中的机关所在。这些隐秘性设计看似故弄玄虚，但是对于身处封建礼制重压下的女性来说，保留一点儿隐秘的个人空间却是非常具有实用意义的。

2. 对教化之用的关注

宁波红妆家具既是生活用品，同时也是与封建婚礼制度相辅相成的实施工具，因此其教化民众的社会性功能表现得特别突出。经过几千年的封建统治，民众对于"礼"的认同感已经深入潜意识中。造物者在造物活动中一方面通过家具的使用程序、方法、功能、形制、纹饰宣传婚姻中的道德伦理观念，使普通民众知晓"礼"的内容和准则，达到教化目的；另一方面借助一系列器具将婚礼的形式和程序固定规范下来，使"礼"的思想得以加强和延续，实施长期的教化影响。在这里"教化之用"已经成为红妆家具最重要的功能之一。因此，造物者对于红妆家具教化之用的关注最终落实在对于"礼"的表现。

（1）礼器规范完备

明清时期的宁波地区民间婚姻以"六礼"为基础，礼仪隆重且程序复杂。与之相匹配的是红妆家具的完备和规范。从婚姻双方提亲开始一直到婚后生产几乎大部分的礼仪都有与之相匹配的专用器具，如"互换庚帖"所用帖盒，"定亲"所用过书、回帖，"小礼"所用朱红酒桶，"择吉"所用的喜幛、喜轴，"请吃酒，揶拜生"所用知单，"送嫁妆"所用扛箱、担篮，"迎亲"所用花轿，"拜堂"所用"马鞍子"、香案，"坐床"所用婚床、花烛、盖头，"回门"所用提篮，婚后生产所用"子孙桶"，产后讨奶所用"讨奶桶"等，各式各样，一应俱全。这些礼器大多为婚礼特意设计和制作，因此符合"礼"的规范是造物的第一需求。一件件红彤彤的红妆家具将遵礼、重礼、守礼的思想移植到一代代民众的潜意识中，其影响一直延续至今。

（2）"礼"的仪式感强

仪式性强是宁波红妆家具区别于其他地区的一个重要特点。几乎所有的嫁妆都饰以大面积朱红，色调统一，给人以关于生命、喜庆、尊贵的强烈心理暗示。不仅如此，在红妆家具中还大量使用了朱金木雕和泥金彩绘装饰。统一的色彩和装饰手法强调了婚礼中"礼"的外在形式感，赋予了"礼"的神圣性、规范性和严肃性。

（3）"礼"的表现形式丰富多样

在婚俗器具中，"礼"的表现形式丰富多样。有的通过象征和暗喻的方式对婚姻双方进行劝导，如在嫁妆中大量出现的莲花、石榴、花生、鱼、瓜果等装饰题材就是通过隐晦的方式劝导夫妻多多生育，遵从婚姻中最重要的礼——传宗接代。有的通过通俗易懂的方式对"礼"的内容进行说教，如在嫁妆中具有代表性的表现相夫教子、父爱母慈、夫妻恩爱、才子佳人、女子守节画面的图案。有的则是通过严肃的方式进行威慑，使民众服从于礼的规范。笔者曾经在宁海十里红妆博物馆中见到一张作为嫁妆陈列的精工细作的缠脚架，专作缠足之用。论实用可能与在普通的凳子上操作并无多大区别，可见其张扬的形制和精美的装饰并非为了实用或审美，更主要的是为了造成一种心理威慑，使得女性在这种畸形的礼制"刑具"面前乖乖就范。总之，无论红妆家具中"礼"的表现形式是委婉的、直接的还是带有压迫性的，其展现出的造物者对"教化之用"的关注却是毋庸置疑的。

3. 对审美怡情之用的关注

对审美怡情之用的关注是宁波红妆家具中极具典型性的造物思想，反映了"经世致用"造物观中对于人类需求层次中较高层级的关注，体现了"经世致用"造物观的成熟性与全面性，主要表现为红妆家具所呈现的显著女性审美特点和强烈情感意识。

在红妆家具中专供女性使用的小姐椅、小姐床、镜箱、梳头桶、首饰盒，各色提桶、提篮大多造型小巧，曲线玲珑，很少见到完全的直线造型，即使因功能限制需要直线造型，也会通过抹角、延长过渡、添加装饰等手法来减弱尖锐的直线带来的视觉刺激。在装饰上则多采用凤凰、牡丹、卷草、莲花等具有女性色彩的自然形态纹样，由此满足了红妆家具的主要使用者——女性的审美需求。这也是"致用"思想的一种表现形式。

红妆家具既是父母馈赠于女儿的礼物，饱含父母的舐犊深情，也是婚姻的见证，满溢少女对于未来爱情生活的憧憬。在这种文化语境中红妆家具承担了感情交流的载体角色，因此在其造物过程中反映出强烈的情感化意识。父母、女子或对工匠施加影响间接参与造物过程，或拿起工具直接参与嫁妆制作，将舐犊之情、少女春情通过一件件红家具表达出来。

（二）"经世致用"造物观对现代室内装饰设计的影响实证——齐齐哈尔市艺术衍生品

齐齐哈尔市具有丰富且独特的旅游文化资源，我们要在充分挖掘独特的湿地文化、鹤文化、红色文化、少数民族文化、冰雪文化等基础上，努力汲取"经世致用"造物观及李渔《闲情偶寄》造物思想的精华，研发富有区域特色的艺术衍生品。

1. 汲取"崇尚简朴"的造物自然观

汲取"崇尚简朴"的造物自然观，将其应用于齐齐哈尔市艺术衍生品的研发中。"去繁就简、去芜存真、崇尚简朴"是李渔《闲情偶寄》提倡的自然观的重要层面。黑龙江省齐齐哈尔市一直以良好的生态环境、美丽的冰雪风光著称。这里得天独厚的地理风貌、自然风光，哺育着黑土地的万物生灵，构成了厚重、古朴的地域特色。被称为"北方草原渔猎文化考古学标杆与基石"的昂昂溪文化、清朝的黑龙江将军府、国家 4A 级旅游景区——扎龙自然保护区、被冠以母亲河的嫩江、国家 4A 级旅游景区——明月岛、被誉为"掌上明珠"的北满特钢、被称为"国宝"的中国一重、清末藏书楼、东北讲武堂、卜奎清真寺等，都可以成为我们创作艺术衍生品的重要素材。这些天然、质朴的创作素材，是我们创作艺术衍生品的珍贵宝藏，我们要深度挖掘特色鲜明的元素、符号，研发既可以提升产品种类、产品品质，又可以传承优秀民族文化内涵的艺术衍生品，突出"崇尚简朴""因地制宜""和谐共生"的造物自然观。

2. 汲取"以人为本"的造物审美观

汲取"以人为本"的造物审美观，将其应用于齐齐哈尔市艺术衍生品的研发。艺术衍生品如果想要成功地吸引消费者的目光，其创意设计必须符合现代人，特别是年轻人的审美情趣、价值取向。消费者购买的是"艺术"，这就要求我们研发的艺术衍生品一定要有设计美感，让曾经"束之高阁"的艺术服务于日用之间，让日常的琐碎生活因我们设计的艺术衍生品变得充满情趣[①]。我们在研发齐齐哈尔市的艺术衍生品时，应基于"以人为本"的造物审美观，针对不同的人群、不同的年龄段、不同的职业，进行艺术衍生品的设计，产品研发时尽量形成系列，如非物质文化遗产系列、博物馆系列、景观系列、红色文化系列、少数民族风情系列、鹤文化系列、冰雪系列等。除此以外，还要注意产品的"差异性"特质，产品的研发应注重材质的安全与环保。齐齐哈尔市艺术衍生品的设计要尽量满足不同人群的需求，突出"以人为本"的造物审美观。

3. 汲取"物以为用""物以为乐"的造物功能观

汲取"物以为用""物以为乐"的造物功能观，将其应用于齐齐哈尔市艺术衍生品的研发。艺术对于普通民众而言，一直属于高高在上、令人望而却步的精神奢侈品，艺术会给人距离感，但是通过艺术衍生品巧妙的、有趣的设计，就可以缩短观众与艺术之间的距离。艺术衍生品以轻松时尚、极具文化韵味的方式呈现在大众面前的时候，人们就会发现厚重的传统文

---

① 曾森，于洋洋. 浅析艺术衍生产品设计与生活方式的关系[J]. 美术教育研究，2018（6）：53.

化、神秘的传统手工艺，可以变得轻盈、生动。齐齐哈尔市艺术衍生品的研发需要告别单调与僵化，走向丰富与灵动，令厚重、古朴的黑土地文化真正实现活化传承。艺术衍生品的研发要提取具有地域特征的龙江符号，做到精细化、品牌化、产业化，完成由"工匠"到"产业"的转型与升级，突出"物以为用""物以为乐"的造物功能观。在进行艺术衍生品的设计时，积极开发"越野滑雪""雪地足球""冬季铁人"等特色冰雪系列艺术衍生品，开发表现红色文化的"抗日英雄马占山"艺术衍生品系列，开发表现徐秀娟一家三代养鹤护鹤故事的艺术衍生品系列等。设计艺术衍生品时应充分挖掘兼具地域性、实用性、审美性的艺术样式，使得遥不可及的艺术与触手可及的日常生活紧密连接起来，突出"物以为用""物以为乐"的造物功能观。

第二章　中国室内装饰概述

在我国设计艺术现代性的转型过程中，设计艺术的价值追求经历了由功能至上到功能与审美大体均衡，再到审美逐渐压倒功能的发展阶段。作为一个专门的学科和行业，在步入21世纪时，设计艺术在社会经济和大众生活中的支撑发展地位已经越来越重要。在这一发展历程中，我国设计艺术有了长足的进步，应当说成就卓著，尤其在室内设计方面。

室内设计的建筑装饰业始自20世纪80年代初，人们最初是在宾馆、饭店、旅游服务设施、大中型公共建筑和商业空间等的装饰装修文化背景中，认知了室内设计的现象、状态、思潮、技术和美的价值。因此，在初期的室内设计中以"装饰"的概念为引导，家居空间的设计率先模仿起公共空间的设计形式来，并将其当作最先进的设计文化来加以学习、接纳与应用，使之成为20世纪八九十年代的重要设计方式。室内设计被作为表意的符号，普遍被用来叙述地方文化、个体的设计观、价值观和审美取向，象征性异常突出，并具有了鲜明的时代特色、地域特色和消费层次要求的特点。不过，当人们终于从现实状态与西方现实间的巨大反差中走出来时，设计的演进轨迹、发展方向和本质特征，便都在大众审美取向及其表述的过程中，形成新的角色、观念、标识和生活方式。它作为影响人们审美情感的记录，不仅适时地让人们获得了一种替代性的满足，而且以其设计作品与主体的人之间建立起了一种特殊的映照和反映。不同地域、不同时期人们的生活尽管有着区域性的差别，但室内设计却真真实实地引领人们去超越生活经验，提高了审美的认知力和表现力，使主体的人生理想不断地得到推进。尤其在进入21世纪以来，最初的新奇已经趋于理性，而理性的觉醒则在越来越多的物化设计中开始反映本地的文化精神和社会理想、生活方式、个体意愿和自由理念，由此为设计文化的发展提供了多元化的发展路径。

本章从中西设计史中的"设计"、中国室内装饰设计的起源与发展、中式室内装饰的构成要素分析三个维度对中国室内装饰加以概述。

一、中西设计史中的"设计"

（一）中国古代造物设计思想："功能至上"及其他维度的缺失

造物活动，是指取材于自然，施之于人工改变其性状乃至使其具有某种功能的过程。造物一方面涉及人们对自然的取舍，一方面涉及人们对生活的态度。有造物便伴随有设计，有设计便有设计思想。我国古代的造物活动可以追溯到远古的石器时代，无论是石器、木器、骨器、玉器、陶器还是接近近代的金属制器等，无不真切地反映了我国古代人类文明的结晶及人类文明的物化呈现，反映了我国古代不同历史时期的民族文化特征，以及不同历史时期人类生活思想和行为的变迁。依照生活的希望而对造物的形式、功能和制造工艺及其过程的预谋，是人类自远古以来的一种持续的人工行为，这种行为便是造物，也就是我们近代所说的设计。由于历史局限、社会背景、文化传源及原材料的加工工艺的影响，我国古代不同历史时期造物者的行为思想客观反映了不同时期的社会需求及社会文明。

如果说文明大体可以分为文化和器物，那文化即是"道"，器物是"器"，对于不同的文明背景，造物设计即是"道"与"器"的有机连接。"道"是一种虚灵不居的尤物，造物的灵魂，因而"道"处于造物活动的顶端，引导整个设计活动，造物活动处于"道"的底部。器物之"器"是一种可视可见、可具体感知的实体，它须由造物活动来预见，由其引导，为之制约。故造物活动位于"器"之顶端。造物活动的这一兼容性和媒介特征，成为文化与器物的有机载体。"技以载道""技近乎道"成为造物设计活动自古以来的核心思想。

器物当为人所用，人亦不被器物所制，即"用物亦不被物类"，是自古以来人们对待器物的根本观念。"不役耳目，百度惟贞。玩人丧德，玩物丧志。志以道宁，言以道接。不作无益害有益，功乃成；不贵异物贱用物，民乃足。"①耽于物而被物所连累是为古人所不齿和认为丧失心智的行为。因此，对待器物的基本态度是"不贵异物贱用物"。器物是为人所用，而不是财富的象征。道家人曾著书曰"不以身假物""不与物交""不以物累""不以物挫志，不以物害己"。言下之意，物当其所用，器物的价值在于功能而不在于器物本身。墨子在其《墨子·非乐》中云："仁之事者，必务求兴天下之利……以为法乎天下，利人乎即为，不利人乎即止。""墨子为木鸢，三年而成，蜚一日而败。弟子曰：'先生之巧，至能使木鸢飞。'墨子曰：'吾不如为车辖者巧也，用咫尺之木，不费一朝之事，而引三十石之任致远，力多，久于岁数。今我为鸢，三年成，蜚一日而败。'惠子闻之曰：'墨子大巧，巧为辖，拙为鸢。'"②墨子历时三载用木头做了一只鸢"一日而败"，即曰："吾不如为车辖者巧也。"墨子为当时之能工巧匠，亲手制作大量的器械，但注重"实用为上""不实用为拙"。韩非子讲究规矩为度，是实用和功利的代表，"堂溪公谓昭侯曰：'今有千金之玉卮，通而无当，可以盛水乎？'昭侯曰：'不可。''有瓦器而不漏，可以盛酒乎？'昭侯曰：'可。'对曰：'夫瓦器至贱也，不漏可以盛酒。虽有乎千金之玉卮，至贵而无当，漏，不可盛水，则人孰注浆哉？'"③可见美和功利是韩非子思想的核心，他认为，功利是决定事物价值的根本。秦始皇的"书同文""车同轨"为韩非子的标准化功利式生产奠定了基础。管子亦曰："古之良工，不劳其智以为玩好，是无故无用之物，宋法者不生。"④法家思想虽然在形式上失之偏颇，但他强调功能性并提倡遵守法规的观点值得今天的我们深思。由此可见，古人造物之思想，莫不将器物之所功与利人置于首位。

　　然道家的思想"道法自然""无为而无不为"阐释了造物活动无须刻意而为之，要顺应自然，自然天成，体现了"天人合一"的哲学思想。儒家讲究"中庸"之道，孔子曰："质胜文则野，文胜质则史。文质彬彬，

---

① 摘自《尚书·周书·旅獒》。
② 摘自《韩非子·外储说左上》。
③ 摘自《韩非子·外储说右上》。
④ 摘自《管子·王辅第十》。

然后君子。"① "质"为内，"文"为外，以人知物，既要讲究内在的本质内容、材质功能，也要注重外在的造型样式、色彩花纹。二者协调统一为"恰当好处"。"技以载道""尊五美，屏四恶"的中庸思想，即造物对"技"的崇尚膜拜同时也要自觉表现对"人"的尊重。对我国古代造物的思想产生了深刻的影响。《考工记》倡言"知者创物"，将工匠和"怪人"联合在一起谓之"造物者"，极大地提高了造物者的地位。"天有时，地有气，材有美，工有巧，合此四者，然后可以为良。"将造物的品质、器物与文化、设计与时尚有了如此深刻的认识，揭示了造物与文明的演进关系。

从秦汉到隋唐魏晋，分裂动荡的社会局面造就了文化与艺术特别是宗教文化的繁荣。其造物强调人物品格和个性的流行。谢赫"六法"树立了当时的艺术标准，对当时的造物理论发展有重大的意义概括。刘昼提出了"物有美恶，施用有宜。美不常珍，恶不终弃"原则，从器物的设计制造、运用角度论美丑的具体性和相对性，其思想重点着眼于效用，强调"先质后文"，把质美放在第一位，形式美放在第二位，质美曲和，方能动目惊耳，把注重效用的造物观看成一个亘古不变的指向。

从隋唐到宋元，国力的强盛和社会的极度繁荣，其在文化、学术、科技和制造工艺等方面取得辉煌成就，造物水准空前提高，无论在造物技术还是生产规模上，都达到了历史最高水平。特别是这段时期与西方的频繁交流，使西方的思潮和技术也对这一时期的造物活动产生了一定的影响。朱熹的"格物致知"思想是对儒家思想的深化，进一步发展了重形而上之"道"，轻形而下之"器"的思想。郑樵在《通志》中认为："《礼图》者，初不见形器，但聚先儒之说而为之。是器也，姑可以说义云耳。由是疑焉，因疑而思。思而得古人不徒为器也，而皆有所取象，故曰：'制器尚象'。"奠定了器物设计和制造方面的象征性功能（精神需求）的基础。象征性既是功能的需要，又是欣赏的需要，它决定了造物工艺创造时象征性的造型和装饰。沈括的《梦溪笔谈》记载了大量的造物方法和造物原理。宋代造物设计领域中的一个革命性的突破是以立法形式出现的规范《营造法式》和《梓人遗制》两部巨著，使得当时的造物活动规范化、标准化和体系化。

---

① 摘自《论语·雍也》。

这两本书构建起了当时社会造物活动较为完备的理论框架体系，是当时人文思想和技术思潮高度融合的具体体现。在我国古代造物史上具有里程碑式的贡献。当然，这两本书记录的更多的是实用的造物理论和方法。

进入明清时代，随着社会城市化的高度发展，整个社会群体总体呈现市民性质，市场经济的特性也被放大开来。明清时期在造物设计思想上继承和发扬了唐宋的风格特征，但也较突出地表现出思想文化对造物设计的引导和影响。著名学士代表王艮提出"百姓日用即道"①的造物思想，其内在的自然主义和追求自由的精神，为造物历史由重"礼"转向了重"人"的回归奠定了坚定的哲学基础。②即为"人"设计的繁荣。社会思潮的变革和人本思想的涌现，西方文明的传播和交汇等，直接导致造物设计和思想的多样化和生活化。明清瓷器、家具、玉器、漆器、明清建筑、园林等闻名天下。涉及造物理论的名著《天工开物》《园冶》《长物志》《髹饰录》《闲情偶寄》《工程做法则例》等盛世空前。明代早期造物"天工"与"人工"、"道"与"器"的完美融合与明晚期和清代造物的富丽华贵、奢靡烦琐共同孕育了我国古代造物思想转向近代工艺美术学或者设计美学思想的萌芽。

综上所述，我国古代造物思想的主要特征，以"武王伐纣"为标志的"天命不惟常"的思想观念的确立，既是德行取天命而代之的开端，也是智者造物的开端。在接下来的几千年中，"有形"的造物与"无形"的思想文化经历了飞速的发展与积累③，成为灿烂的中国古代造物思想的重要的组成部分，也是中华灿烂文明的重要组成部分。对于我国古代造物思想的检视，所涉及的范围往往需要涵盖整个民族生活的方方面面，这些不同的方面在整个古代造物思想的整体演化进程中并不是步调一致的，其作用也不能做等量齐观。但是，作为研究者从大角度的历史时间观和大视野的纵向及横向的历史空间观上，整体地看待我国古代的造物思想的演化进程时，"功能至上"主义观始终贯穿整个造物的轴线。我们不可否认，造

---

① 笔者释王艮把"百姓日用"视为"天然自有之理也"，他认为凡是脱离了百姓日用的空谈，皆是异端。他将"道"解释为既非虚无缥缈、不可言传的"道"，也非礼教纲条的圣贤道义，而是"百姓日用"之"道"。

② 王树良. "百姓日用即道"思想影响下的晚明设计 [J]. 艺术百家，2005（2）：134-136.

③ 邵琦，李良瑾. 中国古代设计思想史略 [M]. 上海：上海书店出版社，2009：143.

物的核心作用是功能，历史中的某个阶段、某个人物对造物的其他维度如"气""心""神""巧""技""文"等方面进行了客观的呼吁。但特定的人造物之所以用来界定人类文明的进程，是因为这些器物的出现，不仅标志了人类改变自然原貌、性质、功能的程度，而且更重要的是，造物活动首先满足生存需求是特定的历史社会和历史时期的深刻反映。所以过分地注重"功能至上"导致其他维度的缺失是历史长河演变中必然的过程。古代造物思想家大多代表了统治阶级或者小资产阶级的利益，他们的造物设计大多是被统治阶级所利用或者满足很小的一部分小资产阶级使用功能的奢侈品。极少关注广大下层平民的"功能"需求，也就是我们现代谈起的"大众设计"；古人追求的材美工巧、技以载道也成为贵族阶层生活的奢靡，势必耗材耗时，和我们当今的"循环设计""绿色设计"和"适度设计"原则有悖；造物家过分追求的"使用功能至上"中心论而忽视作为近代人们消费的精神需求也是一种偏悖；作为距离近代设计最近的清代设计，在西方文明飞速发展并达到一定高度时，清代没有把西方的现代文明融汇于自身，反而注重于烦琐的装饰功能即造物的表层化处理，而又失去了创新与开发。

（二）西方的现代主义设计及后现代主义设计思潮中的设计观

西方的现代主义设计起源于 20 世纪初的欧洲。由于西方国家的工业革命，引发了一系列的技术革新，新材料、新设备、新机器的不断发明，新的生产方式的变化，极大地促进了生产力的发展。随着生产力的显著提高，它的产生也就是在现代主义运动影响下的一种历史必然。随着技术的革新发展，艺术形式的发展不断变化，西方的现代主义设计观也就逐渐呈现出来。在这个时候，最有代表性的有"工艺美术"运动、"新艺术"运动和"装饰艺术"运动。"工艺美术"运动代表人物约翰·拉斯金（John Ruskin，又译作约翰·罗斯金）和威廉·莫里斯（William Morris）主张恢复手工艺传统工艺，反对工业化和大批量生产方式，采用中世纪淳朴风格，吸纳自然主义的装饰手法，以期创造出一种全新设计风格。"新艺术"运动则打破了 19 世纪弥漫于整个欧洲的矫饰的维多利亚风格的束缚，大胆创新，号召设计师应向自然界学习，开创了一种崭新的自然主义设计风格。"装饰艺术"运动照顾了手工艺和工业化的双重特点,在设计上采取折中主义立场,把豪华、奢侈的手工艺制作和代表未来的工业化特征合二为一,创造出一种既奢华又符合现代审美特征的全新的设计风格。由于它满足了人们对产品形式的多样化需求和对精美手工制作的热爱,又照顾到了机械化、批量化大生产的要求,所以诞生于现代主义设计运动时期的"装饰艺术"设计运动,在当时的欧美大陆风靡一世。

以上可以看作是现代主义设计的开端,真正的现代主义设计是由于人们希望在保持物质进步的同时,也能享受机械所带来的精神愉悦的不断的心理渴求下,而涌现出的为解决这一矛盾提供了最佳方案的艺术家、艺术作品和艺术风格。艺术家以保罗・塞尚(Paul Cézanne)为代表,他最基本的艺术观点就是把结构视为表现一切物体的根本。"在自然里的一切,自己形成为类似圆球、立锥体、圆柱体。"[1]塞尚的观点在他的艺术作品中时常得以体现,后来直接发展为立体派和抽象主义,如立体派的代表人物毕加索、勃拉克,他们强调艺术形式上应突出表现为对具体对象的解析、重构和综合处理,把对平面结构的分析组合规律化、体系化,强调理性规律在表现"真实"中的作用。抽象主义代表人物为瓦西里・康定斯基(Wassily Kandinsky),他认为艺术必须从对客观世界的模仿中解脱出来,画家应当运用绘画自身的形式语言包括色彩、线条、块面等,创造出一个与自然对象相和谐的新世界。[2]现代主义设计的艺术风格代表是荷兰"风格派"和俄国构成主义。现代主义设计观严格遵循几何式样,他们在设计中把几何形式与新兴的机器大生产联系起来,追求机械式的严谨与精确,抛弃繁缛华丽的传统装饰设计风气,遵循理性主义,强调功能和理性的设计,用简单的几何形体和简约抽象的色彩概括客观对象,这些特性与大机器批量生产的标准化、机械化技术要求正好合拍,成为大机器生产的必然和最佳选择,并努力寻求与工业化时代相适应的艺术语言和设计语言,使得艺术和技术能达到最佳的结合。

现代主义设计把人们带向了理性的世界,当人们沉浸在自己构筑的"物质世界"中时,当人们的生活失去了社会目标才发现精神世界是那么空虚:

① 赫斯. 西方美术名著选译 [M]. 宗白华, 译. 合肥: 安徽教育出版社, 2000: 17.

② 里德. 现代绘画简史 [M]. 刘萍君, 译. 上海: 上海人民美术出版社, 1979: 106.

传统的风俗、权威中心已悄然少见，世界随波逐流，漫无目标。反对现代主义纯功利对人所造成的冷漠，主张自动设计，赋予设计物以人文精神，使人与产品达成一种自然并富有人性的和谐。人们向往温暖的人情，向往回归自然，强调自我……一种以改变国际主义设计的单调形式为中心的各种所谓"后现代主义"开始出现，标志着一种与现代精英意识彻底决裂的内蕴文化的产生。

后现代主义创造了一种全新的哲学美学理念，它赋予了人们全新的思维方式，使人们展开了向世界本真状态更为贴近的迈进和对传统文化的改造。后现代主义产生于结构主义、存在主义现象学、解释学等的基础之上。它们都或多或少地在各自的领域中生产着同一个主题反对传统、中心、权威、真理等形而上学同一性的虚妄性，追求多元化、不确定性等。后现代主义表现在艺术和设计领域，则其设计思潮或设计观开放、自由、没有束缚。它强调多样化的形式、多样化的表现、多样化的手法、多样化的思维，一切都没有定式，这恐怕是我们区分现代与后现代的最有力的特征，而它最有力的动力就是创新。具体表现为设计语言模糊，具有不确定性设计，不再仅有直线，而是采用曲线等装饰设计充满了幽默、游戏，不再是表情如一、墨守成规。后现代主义设计最重要的突破就是全力消除艺术与非艺术的严格界限，将艺术与日常生活紧密联系在一起，使高雅与通俗的距离消失。这一点与李渔的造物思想有异曲同工之妙。

后现代设计思潮用"装饰"来改变现代主义的简单设计、没有变化的语言；后现代设计主张设计应具有大众性、娱乐性的特点，设计不能只为一部分精英阶层服务；后现代设计主张作品要有想象力、人情味、是艺术地、文化地改变了现代主义设计的冷漠、工业性，它不再仅仅是依附于技术的形式主义；后现代主义设计反对过分装饰，反对简单的复古，要带有现代人的夸张与幽默；后现代主义设计的风格是多元的，它没有定式，完全根据设计师个人的特点与喜好而设计；后现代主义设计不像现代主义设计那样只注重实用而不注重生态环境；后现代主义的设计是创新和求异的，利用创意来让消费者的神经每时每刻都处在"新鲜""惊奇"的状态之中。

后现代主义设计思潮的成就。首先，后现代主义设计思潮作为一种观念，不但为西方设计及制造文化的进一步繁荣提供了帮助，而且推动了世界社会向前发展。其次，后现代主义设计思潮向当代人提供了两种全新的思维方式——辩证法/形而上学思维方式。它是一种流动性的变化替代的思维方式，这种流动性在于克服思维的任何理论空无，使思维达到了与所思事物同样的连续性和全面性。最后，全面开放的分解思维方式，它用球形立体的思维方式代替无数线条组合的思维方式，既保存了视觉观赏的优点，又解决了其实际制造操作的难度，使之具有了现实的合理性。

此处，笔者分析了20世纪初的西方现代主义设计及后现代主义设计思潮中的设计观。早在中国西汉时期，中国古代灿烂的文化就远渡重洋传播到了西方，也由此拉开了中西方文化的交流序幕。西方的现代主义设计及后现代主义设计理论在近代发展史上是领先于我国的，这是由于近代西方的工业化进程大大早于中国。然而西方的现代主义设计及后现代主义设计的众多观点和理论，早在我国的17~18世纪就在类似于李渔一帮文人造物家的理论中有所体现。

二、中国室内装饰设计的起源与发展

（一）室内设计与装饰装修

在各国文化发展的历史舞台上，室内设计显然是最为引人注目的行业之一。在行业内外对其使用的概念和名称五花八门，有时甚至到了让人无法辨别的地步。但总体来说，呈现的是一个由简单到复杂，由含混到明晰，由模糊到精确，由肤浅到深刻的过程。在这里，首先有必要将一些有关室内的专业名词及其工作范围进行界定和做出解释。当然这也不会是一成不变的，随着人们对室内设计认识的不断深入，它也必定会逐渐产生变化。

1. 室内装修

室内装修是指在土建施工完成后的室内空间内，对天花、墙面、地面，以及结构部件乃至照明和通风设备、材料和构造等进行工程技术的综合处理，以期达到在室内造型上取得浑然一体的效果。

2. 室内装饰

室内装饰主要是为了满足视觉艺术的要求而进行的一种附加的艺术装修，如对不同的部件和界面的细部纹样进行装饰，以及对壁面、雕塑等的设置。它除注意审美价值外，还需要保持技术和材料的合理性，与空间构图和色调的协调等。

3. 室内陈设

室内陈设主要是指对家具、窗幔、各种摆设、日用器皿及观赏植物等的陈设布置，用以满足生活要求和美化环境的需要。

4. 室内装潢

室内装潢是指室内装修、装饰、陈设等的综合设计，它偏重于对室内环境进行综合的艺术处理，并且较多迎合时尚流行意识的艺术效果。

5. 室内设计

室内设计主要是指为综合考虑室内环境因素而进行的一项包括生活环境质量、空间艺术效果和科学技术水平的综合性设计。它的工作是根据建筑设计的构思而进行室内空间的组合、修改与创新，并充分运用设备、装修、装饰、陈设、绿化、照明、音响等手段，结合人体工程学、行为科学、视觉艺术心理学等方面的要素，从生态学的角度对室内的环境进行综合性的功能布置和艺术处理，以便取得具有完善的物质生活与精神生活的室内环境艺术效果。由于对室内环境进行综合的设计及艺术加工，因而逐步发展为"室内环境设计"的新概念。在这些名词中，我们首先要弄清楚的是室内装饰设计与室内设计的关系。

室内设计在专业的发展上始终存在重视"装饰"和重视"空间"的不同设计取向，如今普通百姓往往认为建筑是营造空间的行业，而室内则是从事装饰装修的行业。"装饰"在中国长期成为室内设计行业代名词的现实，就证明了长期以来这一国情的特点。中国建筑装饰协会和中国室内装饰协会多年来所做的主要工作，实质上都是室内设计的内容，两者又同时以"装饰"作为自己行业的冠名，本身就说明了对于整个室内设计行业认识水平的现状。装饰本身是一个较为广义的概念，它可以对应各类物化的实体，并不是建筑与室内所专有的。而室内设计所包含的空间环境、装修构造、陈设装饰设计等具有丰富的内容，并不仅仅是装饰这个词就能完全涵盖的。而建筑界面装饰等同于室内设计的认识水平，已经直接影响到整个行业的发展。

从人类的整个营造历史来看，岩壁上的绘画是早期人类栖身于洞穴时的室内装饰；一座立于地面的彩绘陶罐成为最初建筑样式——人字形护棚穴居的装饰之器物。石构造建筑往往以墙体作为装饰的载体，从而逐渐发展出西方建筑以柱式与拱券为基础要素的装饰体系；木构造建筑常以框架作为装饰的载体，从而发展出了东方建筑以梁架变化为主体内容的装饰体系，逐渐形成天花藻井、隔扇、罩、架、格等特殊的装饰构件。发端于19世纪后期的现代主义的建筑思潮，是建立在理性的功能主义之上的。而恰在此时，依附于建筑内、外墙面的装饰则被减到了最少，取而代之的是以从室内环境整体出发的装饰概念。在现代建筑的国际风格的室内设计中，装饰的效果是通过运用简洁的造型及材料纹理，在布置手法上注重各种器物之间的统一与和谐，创造出平静惬意的整体室内环境气氛来实现的。

如果在20世纪以前，尤其是在17~18世纪，把室内设计称为"室内装饰"还算得上是比较贴近的话，那么在20世纪以后，钢筋混凝土框架结构和玻璃的大量使用，为室内空间争得了发展的更大自由，空间的流动在技术上变成了可能。这是人类建筑史上的一次革命，它促进了现代室内设计的诞生。

随着形式和功能结构的强调，以及空间概念在室内设计中的导入，如果再把室内设计称为"室内装饰"就不完善了，这时室内装饰已经成为室内设计的因素之一。室内装饰已渐渐演变为全方位的室内设计，室内设计师的称号在全世界范围内得到承认。

具体来说，室内设计中，空间是根本要素，然而其艺术表现要通过界面（地面、墙面、顶棚）装修和物品陈设的综合效果来体现，在此处空间是核，界面是皮，物品是衣，这三者之间相辅相成，相得益彰。

由于历史、社会、教育等种种因素的制约与影响，目前有相当多的室内工程项目是在传统的平面艺术创造的概念指导下完成的。简单地说，这依然是一种二维空间的艺术表现形式，即仅仅重视空间界面的装饰，而忽视了空间整体艺术氛围的创造。其直接后果是盲目的材料高档化和界面繁杂的材料堆砌，造成了"装修"代替"设计"的现状。在这里提到的装修显然是装饰的概念。值得欣慰的是一批年轻的室内设计师已经开始走向成熟，他们在空间观念的指导下完成了许多优秀的作品，这些作品的出现使我们看到了中国室内设计新的希望。

（二）中国室内装饰设计的起源与发展概述

1. 外来影响（1840年）前的中国传统室内装饰设计

（1）原始社会

人类的祖先从很早的时候就利用工具对石头、兽骨、海贝等物进行加工来制作装饰物。从旧石器时代到新石器时代，经技术和工具的发展，人们建造了半永久性的房屋、种植农作物并饲养家畜，开始了定居生活。在这个时期的遗址中，已经出现了精致的石雕、绘有花纹的陶器和造型简单的玉饰。原始社会的人们依靠自然生活，以农业作为最主要的生产方式，植物和动物是他们生存所依赖的基本物质，这也成了人们日常生活所用器物的主要装饰主题与纹样。

图2-1 彩绘陶豆①

到了青铜时代，生产效率的提高使人们有了更多的精力用于改善自己的居住环境。依据各地不同的地理特点，居住建筑从穴居逐渐发展为"干阑""碉房""宫室"等建筑类型。随后逐渐出现了较大的氏族家庭，社会结构逐渐庞大，城市也随之建设了起来。从商周时期出土文物来看，除因经久耐用而数量较多的玉器和铜器外，还有丝绸、漆器和陶器（图2-1）。其样式主题和制作手法也较之前更加丰富，东周时期的《考工记》中就记载了许多专门的知识和手艺。总的来说，原始社会的物品，其装饰性多为附属，主要还是功能性器物，如生活用品或礼器等。

（2）秦汉两晋

据实物发掘和《周礼》等诸多文献记载，先秦的建筑已经有了一定的等级秩序，平面单元布置也有了多种形式。至公元前221年，秦国统一中国建立中央集权的统一国家，新的秩序和规范建立了起来，后经两汉的修正，得以沿用。秦汉时期已经有了很多功能明确的公共建筑，如明堂、灵台、太学等礼仪建筑。此时建筑的形式、布局、色彩纹样等都被赋予了相应的

---

① 杜朴，文以诚. 中国艺术与文化 [M]. 张欣，译. 北京：北京联合出版公司，2014：19.

阶级内涵。我们从这个时期墓葬的资料中不难发现，壁画和画像砖描绘的题材涵盖甚广，从人物娱乐、教化故事到神话人物、神话故事再到珍禽异兽、植物自然等均有涉及。就室内陈设品来说，自春秋战国时期的文物中涵盖了案、几、床、柜等家具，以彩绘和浮雕等作为器物的装饰手法（图2-2）。到了秦汉时期，帛画成为室内软装饰的重要元素，纺织品被运用到室内装饰当中。

　　佛教文化在两晋时期逐渐传播开来，宫廷的资助让佛教建筑得到了迅速发展。两晋南北朝时期社会风气开放，社会地位较高的士族子弟对文化和艺术甚为推崇，这让此时的绘画和书法得以发展，涌现了许多书法家和画家。手工艺品呈现多样性，其中金属制品逐渐衰落，精致的上釉瓷器和漆器赢得了人们的喜爱。

图2-2　画像石中的建筑空间[①]

图片来源：https://www.douban.com/note/705640145

　　（3）隋唐五代

　　隋朝完成了统一大业，唐朝在此基础上巩固发展了国家。唐朝是中国历史上最为辉煌的朝代，从这一时期的诗文、绘画等作品中都能得到体现。我们从《韩熙载夜宴图》（图2-3）中可以看到，此时的室内陈设的家具种类繁多，桌、几、案、榻、屏风等起居用品和装饰摆件的造型样式已经十分成熟和精美。用来装饰空间和家具的纺织品色彩艳丽、纹样丰富、材质多样。从建筑布局上来说，唐朝是封建社会发展的鼎盛时期，建筑上的礼仪制度已经十分完善。在展子虔的《游春图》记载了较为简单的一颗印式的四合院。制瓷业在唐代发展迅速，生产规模不断扩大、制瓷技艺精进、

① 刘敦桢. 中国古代建筑史 [M]. 北京：中国建筑工业出版社，1984：74.

样式色彩多样，瓷器成为同时具有实用性与装饰性的日用品。由于当时有许多外国来访者，唐朝工艺品的材质和样式推陈出新，加入了许多外来的风格、题材和形式（图2-4）。

图2-3 《韩熙载夜宴图》局部

图片来源：https://www.sohu.com/a/243241874_276941

图2-4 敦煌莫高窟藻井装饰

图片来源：https://www.douban.com/note/705640145

（4）宋元

宋代是技术与文化发展的繁荣时期。宋代的界画清晰地记录了当时建筑的型制和城市生活。张择端的《清明上河图》中绘制了多种建筑的布局与其中景观的布置，民居和贵族的宫室都包含其中（图2-5）。建筑在此时有了官方明确的标准和规范，《营造法式》对当时建筑的木作、砖作、瓦作、彩画作都有了详细的规定。人们生活习惯的改变使得室内陈设的家具在宋代已经完全转变为高型家具。宋代的陶瓷生产技术十分先进，形成"五大名窑"，即汝窑、官窑、哥窑、钧窑、定窑。陶瓷已然成为当时人们的日常用品，色彩丰富但偏爱单色、雕刻的花纹精致、题材新颖、刻画生动。当时的审美大致分为两类：一类是以文人士大夫为主的，提倡自然与平淡，反对浮华的装饰；另一类则喜爱浓艳的图案与奢华的设计，题材也偏爱通俗易懂的主题。佛教虽然已经失去了官方的资助，但依旧繁荣并趋向于通俗化，此时佛的形象更加优雅闲适、平易近人。禅宗文化在中国衰落而在日本盛行后，其思想对日本后来的艺术与设计产生了极深的影响。

图2-5 《清明上河图》局部

图片来源：https://www.xiwangchina.com/xwxq/2019.html

（5）明清

明代的建筑较之元代更为恢宏壮丽，与其他封建王朝相同，兼重实用和礼仪性，对各阶层人等的居住建筑限制更为完善。当时社会的大家庭很多，第宅建造的规模也就越来越大，依然是四合院式。园林、郊墅正是在明代发展起来的，人工之中，不失天然。多变的建筑形式与组合营造出多样的空间效果，陈设的盆景植物和艺术品种类丰富、富有趣味。明代的陶瓷制品在技术上又有了创新，纹饰和器型上较之元代更为协调，华美的五彩瓷和优雅的青花瓷都受到宫廷的喜爱。

明清时期的民居建筑多样，在南方的一些商人的宅第存在忽视建筑等级制度的现象。建筑装饰上以象征吉祥的植物和人物为主题，用浮雕或绘画的形式进行表达。建筑的部件如格窗、美人靠、屋梁等都以木雕或彩画装饰，但整体风格依旧是以素色为主的朴素风格。砖雕、石雕、木雕都是装饰建筑的方式。室内陈设中的家具在此时发展至顶峰，现在我们将明代至清早期的家具称为"明式家具"。明式家具不仅具有实用性，其造型优雅简洁、雕饰精致、线条流畅、技艺精湛，堪称艺术品。室内空间中的装饰品和艺术品种类繁多，珍玩古董和文人案头的用品等陈设品的装饰题材之新颖与匠心独运，远高于以往。

清代的宫廷建筑等级森严，建筑群庞大，功能全面。受到西方文化和技术的影响，宫廷艺术品中不仅有传统的花鸟纹样，欧洲的图案题材也时常出现。精致小巧、结构繁复的石雕、牙雕、玻璃制品、珐琅、玉雕等都是宫廷中常见的装饰物（图2-6）。

图2-6 故宫养心殿前殿明间

图片来源：https://www.dpm.org.cn/

Uploads/Picture/dc/2487.jpg

2. 近代中式室内设计风格的发展延续

（1）中西交汇的混杂式倾向

中国近现代室内设计风格的形成与发展与整个社会的政治、经济及文化背景密切相关。带有混杂式倾向的室内装饰风格的出现，是近代东西方两种异质文化碰撞的过程中产生的一种中西合璧的现象，它的出现主要由物质技术条件和社会文化心理两方面的原因造成。

首先，早期出现的西方建筑有很多都是外国使用者在缺少建筑师的情况下根据记忆自己绘制图纸，由中国工匠按照中国传统工艺的做法来进行建造，因此这些建筑也只是在大体形式上能够反映出西方的特色。在进行室内装饰时，这一问题就反映得更加突出。在当时特定的历史条件下，很多外国使用者所需要的建材、家具及饰品等，除通过进口以外，在中国根本无法找到。对于大部分的外国侨民来说，在当地寻找形式近似的替代品成为不得已而为之的一种办法。

其次，国人对西方物质文明的倾慕及对中国传统文化的留恋所产生的矛盾心理也是部分近代建筑的室内空间出现中西混杂装饰倾向的一个重要原因。从19世纪末期开始，中国社会生活的各个方面都发生了很大变化，各种类型的西式建筑开始大量出现。清末民初，中国的许多达官贵人、文人雅士开始认同洋房。像李鸿章在上海修建了西式的花园别墅，康有为在青岛购买了洋人的旧宅等都是当时比较典型的事例。虽然西式风格的建筑开始得到人们的认可，但是出于对传统文化的保留，在很多中国人居住的西式住宅中都不同程度地出现了中式风格的家具、陈设与西式沙发、壁炉共存的景象。在这一类空间中，传统的中式元素更多的是体现在家具及室内的陈设布置上。

（2）民族复兴运动与传统风格的折中倾向

科学和艺术分别代表了人们的物质需要和精神需要。从近代开始，人们一直有一种将西方的物质文明和中国的精神文明相结合的理想，希望在接受西方物质文明的同时保持自己的文化传统和心理平衡。在近代中国，建筑界对民族性的要求更多的是强调建筑和室内的精神作用及对民族文化的象征意义，所追求的是一种社会价值。

进入 20 世纪以后，中国人对于西方文化的"优越性"开始进行深刻的反思。当时，以梁启超、梁漱溟为代表的东方文化派强调中国文化发展的正确道路是回到孔孟儒学传统中去。东方文化派并不笼统地排斥西方文化，他们主张以东方文化来弥补西方文化的不足，求得二者的调和会通。东方文化派认为中国文化可以接受西方文化，但却不能简单照搬和效仿西方的一切，应立足本国传统，对西方文化要改造地接受，使其融会到中国文化的本原中来，把中国文化推向世界，变成一种世界性的文化。

南京国民政府于 1927 年成立后开展了一系列的社会文化运动，力求给国民党树立一种福利党、建设党、文化党、和平党的形象，以确立国民党所谓的"道统"地位，增强国家的凝聚力。随着"九一八"事变和"一·二八"淞沪抗战的相继爆发，中华民族亡国危机加剧，举国上下民族主义情绪空前高涨。空前的民族危机，激起了中国人的忧患意识，国难当头，能否维系民族的生存成为高于一切的价值标准。1934 年，蒋介石发起"新生活运动"，即要使国民生活军事化、生产化、艺术化以"改造社会、复兴国家"。同年，国民政府又规定每年孔子的生日为国家纪念日，修复孔庙，编制中小学《经训读本》，将"尊孔复古"的运动推向高潮。在文化领域中，以陈立夫为代表组织成立了中国文化建设协会，开展所谓"文化建设运动"，出版《文化建设》等杂志，宣扬以中国文化为主体，调和中西文化的观点。"新生活运动"依托于传统的儒学价值观，强调人们要具有勇于牺牲、忍耐痛苦、热爱祖国，以及忠实于民族理想的精神，建立和发展一种新的民族意识和大众精神。

1935 年 1 月，陶希圣、萨孟武等 10 位教授联合发表《中国本位的文化建设宣言》，批评以胡适、陈序经等为代表的欧美留学生提出的"全盘西化"论，主张应根据中国此时此地的需要来吸收西方文化，继承传统，创造具有中国特征的新文化，以现代化这个新概念来重建中国文化并实现中国文艺复兴。

在这样一个大的社会背景下，自 1927 年开始，我国的建筑界也掀起了中国建筑民族形式的探索热潮，同时将"民族性"与"科学性"作为对新建筑的双重要求，希望通过西方物质文明与中国精神文明的结合，创造出一种融东西方建筑之特长的艺术形式，当时称之为"中国固有之建筑形式"。

1932 年，上海市建筑协会成立，在协会成立大会的宣言中明确提出了"以西洋物质文明，发扬我国固有文艺之真精神，以创造适应时代要求之建筑形式"的主张。"融合东西建筑之特长，以发扬吾国建筑物之固有色彩"成为当时建筑界人士孜孜以求的理想和目标。

在这场探索中国建筑民族形式的热潮中，从海外留学归来的中国第一代建筑师扮演了最重要的角色。

中国第一代建筑师留学期间正是西方复古主义、折中主义流行时期，他们所受的教育具有很强的学院派传统。学院派注重建筑的历史式样，致力于历史式样的延续和模仿。因此，对西方建筑结构技术和对中国传统建筑形式的肯定决定了他们回国后的设计作品很多都带有明显的折中倾向，这种倾向性成为中国近代建筑和室内出现中式风格传统复兴的学术根源。

1925 年初，革命先行者孙中山先生于北京病逝，他生前曾留下遗嘱，希望他的遗体能够安葬于"虎踞龙盘"的南京紫金山麓。9 月，中山陵开始征集陵墓设计方案并由葬事筹备处在报刊上公布《陵墓悬奖征求图案条例》。由于中山陵属于纯粹的纪念性建筑，因而当时称作是"征求图案"，建筑师与美术家都可以参加。《陵墓悬奖征求图案条例》规定建筑形式应是"中国古式而含有特殊与纪念性质者，或根据中国建筑精神创新风格亦可"。《陵墓悬奖征求图案条例》公布后共收到应征方案 40 多份，葬事筹备处聘请南洋大学校长土木工程师凌鸿勋、画家王一亭、雕刻家李金发和德国建筑师朴士作为评判顾问对方案进行评审。1925年9月，陵墓图案评选揭晓，吕彦直、范文照、杨锡宗三位中国建筑师的设计方案分获一、二、三等奖，另外还有位中外建筑师的方案获得名誉奖。

作为中山陵设计竞赛的获胜者，建筑师吕彦直站在了中国传统建筑复兴运动的最前沿，而这一建筑界的潮流刚好契合了当时的民族复兴运动即"新生活运动"。吕彦直毕业于美国康奈尔大学建筑系，回国后曾在墨菲的事务所工作，协助墨菲实地考察、整理北京故宫的建筑图，并参与了金陵女子文理学院和燕京大学的规划与建筑设计。

吕彦直设计的中山陵整体布局吸取了中国古代陵墓布局的特点，并沿着紫金山陡峭的山势设计了一系列具有强烈中国特色的带有蓝色琉璃瓦屋顶的山门建筑，整个建筑群按照严格的轴线对称布局，体现了传统中国式纪念建筑布局与设计的原则。

在祭堂的设计中，吕彦直在建筑物的下半部分构思了创新的、中西交融的建筑形体，而上半部分则基本保持了传统建筑型制的重檐歇山顶的上檐，二者自然地融合成为一个有机的整体，西方式的建筑体量组合构思与中国式的重檐歇山顶的完美组合，真正地体现了中西建筑文化交融的建筑构思。在细部处理上，吕彦直将中国传统建筑的壁柱、雀替、斗拱等结构部件运用钢筋混凝土与石材相结合的手法来制作，屋顶选用了与花岗岩墙体十分协调的宝蓝色琉璃瓦，使得整个建筑格外庄重高雅。祭堂内部庄严肃穆，12根柱子铺砌了黑色的石材，四周墙面底部有近3米高的黑色石材护壁，东西两侧护壁的上方各有四扇窗墉，安装梅花空格的紫铜窗。祭堂的地面为白色大理石，顶部为素雅的方形藻井和斗拱彩绘。南京中山陵作为中国近代建筑史时期优秀的民族形式建筑作品，可以称作是"中国建筑师探索民族形式建筑的开山之作"。

在民族形式的探索过程中，中国建筑师利用现代的建筑材料，通过采用西方的体量组合及功能划分，局部添加传统装饰元素等设计手法，逐步形成一种中国传统风格的折中倾向，其中基泰工程司的杨廷宝是这一时期比较有代表性的中国建筑师。杨廷宝早年毕业于美国宾夕法尼亚大学建筑系，1927年回国并加入基泰工程司。20世纪30年代初，北京地区一些重要古建筑的维修工程委托基泰工程司主持，杨廷宝亲自带领建筑工匠实地修缮了北京多处著名古建筑。因此，他对中国古典建筑尤其是明清时期的建筑做法深为熟谙。

另外，像梁思成、关颂声、赵深、范文照、陈植、林克明等我国第一代建筑师在对于中国建筑和室内设计民族形式的探索中也都曾做出过许多积极的尝试，留下了很多有影响力的设计作品。

3. 室内设计的自觉意识

（1）"十大建筑"与室内装饰艺术的初生

1949 年中华人民共和国成立以后，我国进入经济恢复时期，百废待兴，亦百废俱兴。不过就建筑与建筑设计而言，在中华人民共和国成立初期相当一段时期内，还是接受并沿用着因西方影响而形成的现代化建筑设计风格，或者借鉴苏联的建筑形式。即便包含着一些所谓民族形式的追求，但都仅重视建筑功能，强调经济适用，在所谓室内装饰方面，几乎是没有什么设计的。或者说，"在 1958 年北京国庆工程的筹备工作之前，中国没有室内设计专业，也没有室内设计专业队伍。过去的室内设计均由建筑师作为建筑设计的一个部分来完成。"①

1958 年，"为了迎接建国十周年，检阅十年来的伟大成就，表现解放了的中国人民的英雄气概和奋勇前进的精神，表现社会主义制度的无比优越性，同时也检阅我们建筑设计与施工的技术和水平"②，中央决定集中在北京兴建包括人民大会堂在内的 10 个大型公共建筑项目，作为国庆献礼工程，这就是被人们称为"十大建筑"的重点工程。从这"十大建筑"的室内装饰设计开始，中国室内设计艺术终于"起步"③。

"十大建筑"分别是人民大会堂、中国革命历史博物馆、中国人民革命军事博物馆、全国农业展览馆、民族文化宫、北京民族饭店、工人体育场、北京火车站、钓鱼台迎宾馆、华侨大厦，这"十大建筑"不仅是中华人民共和国成立后第一批重大建筑设计成就，同时也极大促进了中国室内设计艺术的发展。

仅就室内设计装饰而言，在"十大建筑"的装饰设计上，政府动用了

① 张绮曼，郑曙旸. 室内设计典籍 [M]. 北京：中国建筑出版社，1994：44.

② 刘秀峰. 创造中国的社会主义的建筑新风格 [J]. 建筑学报，1959（E1）：3.

③ 张绮曼，郑曙旸. 室内设计典籍 [M]. 北京：中国建筑出版社，1994：43.

全社会的力量，并首次聘请了美术界、设计界的相关人士参与。中国美术家协会邀请来了全国各地的民间艺人、装饰美术家、画家、雕塑家和美术理论家，"号召大家把这些建筑的美术设计工作当作国家和人民给予的一项重大、光荣的政治任务。要求他们通过实践，把美术和国家建设和广大的人们生活结合起来"①。于是，美术家、艺术设计家与建筑设计家通力合作，在室内装饰、家具、陈设艺术品的设计与制作等方面进行了富有成效的实践，"运用新的材料，新的施工技术，在最短的时间内，创造出具有民族特色的、全新的装饰艺术"②。

中央工艺美术学院室内装饰系（1959年后更名为"建筑装饰系"）的师生，在北京城市规划局设计院的领导下，完成了人民大会堂的全部室内装饰设计。其中，主会场（万人大礼堂）是最为重要的核心部分，平面呈扁扇形，有两层挑台，并在天花板的造型处理上形成很强的象征性，体现出极有启示性的创意："天花板中部呈穹窿形象，象征广阔无限的宇宙空间。中心用红色有机玻璃制成的五角红星灯饰象征党的领导。周围用镏金制成光芒，光芒外环辅以镏金向日葵花瓣，外圈再做三层水波纹形暗藏灯，象征全国人民团结在党的周围，依靠党的坚强领导，使革命事业从胜利走向更大的胜利"③，较好地实现了周恩来总理提出的、用"浑然一体，水天一色"来表现大会堂主会场的设计意见。同时，从"水天一色""万丈光芒满天星"同其他贴合廊柱、彩画、藻井、铜制花饰、门头檐口等空间的装饰、家具与陈设来看，均很好地体现了地方特色和民族文化的精髓，工业之美淋漓尽致体现于装饰艺术和手法之中，又具整体感，朴素大方，气势恢宏，显示出泱泱大国的精神气质。人民大会堂的其他空间设计也同样精彩，如可容纳5 000人同时就餐的宴会厅的室内空间，保留了我国传统装饰艺术的特色，50多根直径1米、高11米的巨柱上装饰有沥粉的花纹，"在顶部又采用露明的办法分别以水晶灯、石膏花、吸音穿孔板、沥粉贴金等手段，

---

① 奚小彭. 人民大会堂建筑装饰创作实践 [J]. 建筑学报，1959（E1）：31.

② 奚小彭. 现实·传统·革新——从人大礼堂创作实践看建筑装饰艺术的若干理论和实际问题 [J]. 装饰，2008（S1）：32-35.

③ 杨冬江. 中国近现代室内设计史 [M]. 北京：中国水利水电出版社，2007：181-182.

组成了新式的藻井天花"①，整体空间色彩映射出郁金色的色调，间以粉绿、纯白、橙红等色彩，给人以新民族文化的艺术神韵。

其他如中国革命历史博物馆的设计体现了很强的磅礴气势，空间的平面布局具有中国庭院的特征，室内设计简洁明快；北京火车站的建筑设计，借用了大屋顶等中国传统建筑元素，内部又不失现代风格，张弛有度，古今相融；而民族文化宫的室内设计，则沿袭了北京展览馆和北京饭店等的装饰取向，结合地方特色，表现出新的民族风情，尤其是一楼主展厅的天花造型，被设计成具有传统意义的"天花灌井的八角铜制镏金花饰组合灯饰"，达到了装饰与功能照明的完美统一。

奚小彭是这一时期室内设计的代表人物。他毕业于国立杭州艺专实用美术系，20世纪50年代初在北京师从戴念慈学习建筑装饰，后又在潘长侯所负责的玉泉山中央领导住宅的建筑设计中，承担装修、灯光、门把手和暖气通风栏栅等的具体设计，并参与了上海中苏友好大厦工程的室内设计，积累了相当多的室内设计经验。"这时期戴念慈先生承担了北京饭店的设计，奚小彭先生配合色彩，菱花窗，灯具以及家具的设计，并开始在设计装饰中注重民族风格和要素的应用……为配合苏联展览馆的设计，奚小彭先生作为苏联专家在室内设计方面的主要助手，与常沙娜、温练昌等专家从事花式纹样的设计，如电影院内的天花藻井花纹。当时的室内装饰多受苏联装饰美化与古典风格相折中的设计风格影响"②。待到北京"十大建筑"的装修、装饰设计时，奚小彭同其他中央工艺美术学院师生一起，对人民大会堂的室内设计，也为室内设计艺术能够逐渐走向成熟做出了重大贡献。实际上，不仅是奚小彭一个人，而是以中央工艺美术学院建筑装饰（建筑美术）所代表的新中国第一代室内设计师，都通过"十大建筑"的锻炼，形成理论与实践的互动，真正成为一大批优秀的设计人才，其中如何镇强、张世礼、张绮曼、王明旨、杨建宁、柳冠中、刘振洪、王世蔚、饶良修等，都成为后来室内设计领域的大家和教育前辈。

由"十大建筑"的工程所引发的室内设计的思考，不久即在各大建筑

① 杨冬江. 中国近现代室内设计史 [M]. 北京：中国水利水电出版社，2007：97.

② 任文东. 文化·沟通·融合国际室内设计教育论文集 [M]. 哈尔滨：黑龙江美术出版社，2004：43.

设计院中被提至一个相当的高度来得以重视。1960年，北京工业建筑设计院成立了"室内设计研究组"，开展对室内设计、家具设计、灯具设计、五金构件设计、卫生陶瓷用品设计的研究，"室内设计研究组"曾集中研究人员24人，一些研究中国古代家具和室内艺术设计的专家也参加了研究工作①。这个室内设计研究组当时是全国第一家，由曾坚担任组长，其研究与设计"满足了当时部分室内设计的要求，也为改革开放之后的室内设计的发展打下了产品设计的基础"②。其后，无论是高校，还是建筑设计院所，都在国家一系列的重点工程中，积极开展了有关室内装修、装饰的设计，如由曾坚所率领的"设计组"从1962年起，先后开始介入蒙古人民共和国（现叫"蒙古国"）迎宾馆、塞拉利昂政府大厦、几内亚人民宫等一些国家援外项目的室内装修、装饰设计；国内其他建筑设计院所与高校中的室内设计专家，也先后完成了广州泮溪酒家、北京饭店东楼、毛主席纪念堂和改革开放之后的白天鹅宾馆、花园酒店等一批较大的室内设计工程。

（2）"国际机场壁画"与绘画装饰艺术的发展

如果说20世纪五六十年代以北京"十大建筑"为代表的室内设计主要是以装修和传统装饰、工艺、纹样、挂画等"艺术"来营建公共建筑室内环境并提高其"应用"品质的话，那么，到20世纪70年代末，对现代绘画装饰的重视则占据了室内空间的重要地位，采用传统的壁画方式，通过美术家来提升公共建筑室内环境的"艺术"品质，并使中国的当代壁画艺术开始复兴。

随着新时期的到来，改革开放浪潮初起，全国各地的公用建筑如雨后春笋般迅速建设，这是改革开放的需求，也是"思想解放"的一种迸发，美术家抓住了这次机遇，用美术创作的方式同室内装饰结合在一起，从壁画领域率先起步，极大地推动了当代中国艺术的复兴。1979年9月26日，首都国际机场候机楼壁画群及其他美术作品举行落成典礼，这是中华人民共和国成立以来我国美术工作者第一次大规模的壁画创作。时任中央工艺学术学院的张仃院长担任这次壁画创作任务的总设计，以工艺美术学院师生为主，"集合全国17个省市的40余位美术工作者在270多个日夜里通

① 陈瑞林. 中国现代艺术设计史 [M]. 长沙：湖南科学技术出版社，2003：154.
② 曾坚. 室内设计阐述 [C]// 中国现代建筑史. 天津：天津科学技术出版社，2001：698.

力合作完成的，也凝聚着景德镇、邯郸磁州窑、昌平玻璃厂等单位工人师傅的心血。学院工业美术系以奚小彭为主承担了室内装饰总体设计和家具屏风设计；以环艺系师生为主，陶瓷、染织、工业、装潢系部分师生，如祝大年、袁运甫、杜大恺、权正环、连维云、肖惠祥、李鸿印、何山、张国藩、张仲康等参与了壁画群的创作设计工作；吴冠中、长沙娜、阿老、乔十光、何镇强等创作设计了多幅其他美术和工艺作品"①，这批创作的完成，使室内设计开始有了新的气象。

这些壁画主要有张仃的《哪吒闹海》、祝大年的《森林之歌》、袁运甫的《巴山蜀水》、袁运生的《泼水节——生命力的赞歌》、权正环、李化吉的《白蛇传》、肖惠祥的《科学的春天》、李鸿印、何山的《黄河之水天上来》、张国藩的《狮舞》、张仲康的《黛色参天》等11幅。壁画体现了"突出民族风格、民间风格、富有装饰性和现代感，题材要能全面反映中华民族的历史、现代民俗、祖国风光和精神力量"的总体指导思想②，参与其中的所有艺术家都全身心地投入这一千载难逢的壁画创作中来。例如："袁运生的《泼水节——生命的赞歌》就是他利用先前花费半年多时间深入傣族地区体验生活而收集的丰富素材来创作完成的；袁运甫的《巴山蜀水》原是几年前作者为新北京饭店创作的壁画稿《长江万里图》的一部分；李宝瑞《白孔雀》使用的则是他在中央工艺美术学院一年级还没有读完，'史无前例'的那场运动将他席卷到呼伦河军垦农场'接受再教育'时，暗地里画下的稿件"；等等③。这次创作发挥了每个人的艺术特长和艺术风格，通过祖国的山河、历史传说、民间风俗等内容，采用不同材质、不同手法、重视形式和审美情趣、展示艺术个性致使风格多样，不仅体现出新时代的新艺术风貌，也使北京国际机场成为中国艺术史中不可磨灭的功绩。落成典礼后，"党和国家领导人邓小平、李先念、王震等，以及轻工部、文化部的负责人先后到机场参观视察，对壁画给予了肯定和赞扬"④。特别是文艺、理论、

① 清华大学美术学院院史编写组. 清华大学美术学院（原中央工艺美术学院）简史 [M]. 北京：清华大学出版社，2006：50.
② 于美成. 当代中国城市雕塑——建筑壁画 [M]. 上海：上海书店出版社，2005：91-92.
③ 于美成. 当代中国城市雕塑——建筑壁画 [M]. 上海：上海书店出版社，2005：82.
④ 清华大学美术学院院史编写组. 清华大学美术学院（原中央工艺美术学院）简史 [M]. 北京：清华大学出版社，2006：69-70.

建筑、新闻出版界及社会知名人士和在京的外国朋友，都给予了很高评价。日本著名美术评论家恭田幸雄在壁画临近完成的时候与壁画作者的一次座谈会上，"慨然称颂机场壁画是中国国势走向昌隆的象征"①。

这批画家是幸运的，壁画是幸运的，在现代中国开始腾飞的时刻，在这样一场历史大潮当中，它首先拉开了当代美术事业空前活跃的序幕。从某种意义上说，后来的"85 新潮""人体艺术大展"等美术界的艺术现象，都源于这一时代壁画所表现出来的艺术价值和开放的胸襟，而"形式与内容"等问题，也在壁画问世之后，成为人们讨论的热点话题，甚至可以说，北京国际机场的壁画，在当代中国美术发展中的影响一直延续到 20 世纪 90 年代。在这些创作实践与理论讨论中，一方面体现在同政治和意识形态相关联的艺术倾向及理论话语；另一方面又反映出淡化政治功能与意识形态影响，通过个性情感抒发"回归生活"，使设计艺术开始走向多元文化的现实发展。壁画作为一种文化现象，不仅代表着当时美术家创作价值的创造性追求，同时也表现了美术家与大众在公共艺术的层面上交流范围在扩大。不过，由于这一时期的众多壁画都是室内的艺术创作，因此从室内设计或从室内空间环境来看，多少还是有些遗憾之处的。譬如，每幅壁画都是作为一幅独立的绘画作品出现的，作为壁画的形式出现在某一室内空间界面之上，都有后入为主的强势地位，作品内容与形式又特立独行，使室内空间成了一个壁画（绘画）作品的展厅；再如，壁画作者没有考虑室内空间的功能性和空间的性质，没有将壁画创作同装修、装饰很好地结合起来，多在壁画内容、风格、尺度、色彩等方面我行我素，空间环境显然是以壁画为主，造成了造型因素和使用功能之间的不和谐；又如，壁画创作者同建筑师、室内设计师及其他专业技术方面仍缺少协调。

就空间而言，建筑的存在与功能在先，壁画的存在在后。显然，这里的"画"只是空间界面上的装饰要素，不应该"喧宾夺主"。再从室内设计中的装修、家具和灯具方面来看，美术家强化壁画创作的艺术独立性和创造性，一厢情愿地把独幅画放大在了一个可能并不大的空间中，遗憾地给室内的功能和环境带来了破坏。因此说，建筑师和美术家，甚至更需要

---

① 杜大恺. 中国当代壁画的幻想 中兴与裂变 [J]. 装饰，1989（2）：12.

室内设计师（装修、装饰）共同合作才能解决好协调的问题。从总体上说，建筑设计风格、室内设计风格是壁画存在的依托，壁画的内容、风格、色调，以及壁画的大小、尺度、位置、材质等构成要素，只有在尊重原空间的属性、特征和室内设计，才有可能处理好作为建筑空间室内的环境构成因素的壁画创作。实际上，20世纪80年代中期，环境艺术已经开始盛行，不论是建筑设计或是室内设计，环境意识已经开始产生指导作用，然而壁画的艺术却游离在"环境艺术"之外。例如，成肖玉指出："环境艺术是以科学为背景的系统工程，包含了众多的学科和部门的协调和统一。壁画在其中的位置可想而知""随着整体的环境艺术不断发展，现在的壁画形式不可避免地要发生分裂，它必然与环境中的邻近因素发生渗透性的模糊关系，从而逐渐化解为整个环境中的一个局部因素，就像森林中的一根树一样……不明确壁画在一个大环境中有限地位，以本专业的感情指导自己参与环境建设的行为，往往导致一个艺术家对大环境概念的模糊和曲解。如果见墙就涂，见壁就抹，与美国纽约的地铁艺术就没有什么区别了。虽然地铁艺术不乏佳作，但从整体来看，是对大环境的污染……如果不解决参与环境建设的壁画水平的宏观把握问题，即便是有了足够的墙面供艺术家发挥，结果又会怎样呢？如果说首都机场壁画群是在当时的从物质到精神准备都不足的情况下完成的'超前行为'，那么现在的壁画早已成为游离于环境意识，环境发展的'落后行为'。壁画家虽然谈论着大环境的一体性，在实践中却是各占一壁，展示彼此的独立意识和技巧，以此来标明'壁画'的存在和他们自己的存在。不是参与而是表现，不是建设而是破坏。艺术家只有真正具备了大环境的概念才能认识这种违心悖理，出力不讨好的结局和灾难性的影响。"①

当然，"产生在历史突变的最初时刻"的"机场壁画"的局限性是显见的，因为这些"刚刚摆脱了历史桎梏的艺术家，很难对将要发生的历史做出完全符合实际的前瞻性估计"②。正如在壁画事业发展10年后大家总结的那样：现代壁画艺术10年发展的成绩是巨大的，并体现出多样化发展的趋势，但在壁画艺术理论等方面还存在不足，包括壁画工作者也要不断提高自身

---

① 成肖玉. 净化大环境 [J]. 装饰，1989（2）：14.

② 杜大恺. 中国当代壁画的幻想 中兴与裂变 [J]. 装饰，1989（2）：13.

文化修养、艺术素质，增强社会使命感和事业心，而壁画创作的主题意识和自我意识及超前意识的作用问题等，也还都有必要重新加以认识和讨论，因此壁画工作者要走向社会广交朋友，要与建筑师、企业家广泛联谊，协调与姊妹艺术关系，克服和避免在社会上出现低劣作品，要开展交流和宣传，以及如何建立环境艺术的法制问题等。但是无论如何，北京首都国际机场壁画的绘画艺术，还是互动了当时"伤痕""反思""乡土现实主义""现实主义"等众多的美术思潮，并充分体现了一种文化的自觉和艺术尤其是美术的"艰难回归"，一种以青年知识分子为主体的"思想解放"，以及在西方现代主义艺术潮流渐行渐近中的新艺术的曙光。

　　机场壁画表现的传统与现代的主题至今还是艺术界的热门话题，机场壁画将美术从象牙之塔带到自然环境和人文环境中求生存发展的努力至今仍有艺术家继续，机场壁画力求植入多种材料和多种观念的尝试仍被艺术家仿效。从室内设计及装饰艺术的角度来看，领导的营建空间"艺术"意识破土而出，也让具有工艺美术背景的艺术家的创作服务于大众的公共环境的思想扬帆启航，壁画作为一个符号已成为改革开放以来时代发展的晴雨表。壁画本身表达出来的意向告诉我们，尽管人们的"室内"意识还远不如其艺术个性鲜明，但壁画这种艺术形式已同室内空间融为一体，具有了室内设计艺术的关照，画家与建筑师、室内设计师的空间设计已经形成一种关联，并共同表达着人们对生活环境的重视。壁画这一独特的艺术形式，以"具有传统意味又具有现代特征的艺术风格，将人们心中久违的审美感性焕发出来，它是改革开放初期的思想解放运动的形象折射，成为推动当代中国艺术复兴的先声。机场壁画也由此成为'文革'之后中国重要的文化现象之一，围绕它引发了许多关于'美''人性''现代性''思想解放'等文艺思想的争论与思考探索"。[①] 这种"机场壁画模式"，是自"苏联模式"之后开始流行起来，并成为后来创作仿效的样板。不管其怎样事件本身结论如何，它的出现，却唤醒了艺术审美的价值重视，在室内设计的建立与新的历史条件相协调方面，带来了一种向现代主义转变的新的探索。

---

① 清华大学美术学院编写组. 清华大学美术学院（原中央工艺美术学院）简史 [M]. 北京：清华大学出版社，2006：69-70.

4. 中国当代室内设计的发展

改革开放是当代中国命运的关键抉择。1978 年，中国共产党召开了具有重大历史意义的十一届三中全会，开启了改革开放的新时期，中国走上了改革开放的道路。从 1978 年至今，这场深刻的社会变革历经了 40 多年，社会变革对中国社会各领域、各方面都产生了重大的影响。这场社会变革带来了我国的经济发展和社会进步，使我国经济充满活力，使我国人民的生活水平和我国的综合国力都有了前所未有的提高。

在 40 多年的改革开放历程中，中国的政治、经济、文化、社会、民生等方面都发生了天翻地覆的变化，取得了一系列伟大成就，实现了国家战略重心的转移，逐步建构起了市场经济体制的框架，实现了封闭到开放的转变，推进国家治理走向现代化。

（1）设计追随时代

这是一个变革的时代。改革开放带来社会经济迅猛增长的同时，中国的室内设计业也随着中国的建筑业和建筑装饰业而得到了持续、迅猛的发展。室内设计的发展紧随着国民经济的大旗，客观地反映了国民经济的发展、变革和转型的每一个印记。

① 20 世纪 80 年代，大型公共建筑成为室内设计实践的主战场

20 世纪 80 年代，正值十一届三中全会后，国民经济迅速得到恢复和发展，人民的生活也迅速提高到一个新水平。思想的解放，需求的增加，为室内设计与装修的发展创造了良好的条件，正是从这里开始，中国当代室内设计获得新生并开始走向其发展的阶段。

这一时期的室内设计主要集中在宾馆、酒店等大型公共建筑上。随着改革开放力度的不断加大和社会财富的不断丰富，到了 20 世纪 80 年代末期，为室内设计实现在各个领域的全方位渗透和发展奠定了良好的基石，至此，室内设计即将以全新的姿态向除大型公共建筑之外的各个领域进军，开始了长达近 10 年的迷茫与兴奋、抄袭与超越、学习与创新的探索之路。

② 20 世纪 90 年代，从公共建筑到家装市场的全面开花

20 世纪 90 年代我国的室内设计行业发展呈现以下几个特点。

第一，公共建筑室内设计的内容更加广泛，其中中高级宾馆、饭店的装饰进入更新改造期，商业、办公、文化等建筑的室内设计成为新的增长

点。一方面，20 世纪 80 年代为适应旅游业的发展而新建的一批旅游饭店已进入更新改造期，一般说来，宾馆的整体建筑 10 年左右就要改建，客房 5~6 年就要更新装饰；另一方面，进入 20 世纪 90 年代后期，国家要求严格限制批准新建一般性的旅游饭店项目，包括一般有客房出租业务的宾馆、招待所、办事处、培训中心、服务中心及酒店式公寓住宿接待设施。在这种宏观经济环境中，以旅游饭店为主的楼堂馆所的装饰多为改造项目，占公共建筑装饰产值的份额有所减少。随着经济的快速增长，这一时期我国新建了不少办公写字楼、开发区、大型商业设施，提供了不少装饰需求，如深圳发展大厦、天津新客站、长春电影宫、京广大厦、国贸中心、中央电视台彩电中心、北京图书馆等建筑出现在中国的大地上。上海浦东的开发开放成为又一座现代建筑博览会，东方明珠电视塔以其 468 米的高度居世界第三、亚洲第一，成为 20 世纪 90 年代上海的一个标志；上海金茂大厦 88 层、420.5 米成为当今中国第一、世界第三高楼，这些现代化建筑的室内外的装饰技术、材料与 20 世纪 80 年代相比发生了革命性的变化，从民宅楼宇到摩天大厦无不体现了高新技术的运用，功能作用在不断地提高、延伸。建筑装饰的形式表现更由于新材料、新工艺、新技术的运用而得到更加丰富多彩、尽善尽美的效果。1990 年亚运会的成功举办也掀起了全国范围的体育热，全民健身运动的开展促使全国各地兴建了一大批体育场馆。体育场馆的装饰、装修成为公共建筑装修的一个重要部分。

　　第二，家庭室内设计和装饰热的兴起。进入 20 世纪 90 年代，我国国民经济有了很大的发展，居民收入明显提高，人们希望自己的家中多几分舒适、温馨和安宁，因此家庭装饰热在我国悄然兴起。家庭装饰业的兴起，在我国建筑装饰业的发展中具有重要的意义。因为它标志着建筑装饰不再是少数公共建筑的专利，而与寻常百姓有了更直接的关系。对我国这样一个人口众多的大国来说，家庭装饰业的兴起，既表明人民生活水平有了大幅度提高，也表示建筑装饰设计"以人为中心"的原则有了更加具体的含义。过去谁家搬家搞点装修，很可能会引起周围的议论，因为那个年代人民生活水平低，搞装修的很少，而现在，居民乔迁的时候，不装修房子反而成了怪事。家庭装饰业的发展是与人民群众住房条件的改善相伴随的，20 世纪 90 年代中后期我国住房建设的发展速度非常快，到 1999 年底我国城镇人均住房面积达到了 8 平方米，这为建筑装饰行业的发展创造了良好的条件。

在 20 世纪 90 年代，在居住建筑的室内设计方面，中国的设计师经历了艰苦的探索，当然也走了很多弯路。这一时期，最初由于设计人员的奇缺，木工、管道工、电工等一批拥有少量建筑技术的工人甚至完全没有技术经验的人员都纷纷加入"家装"市场，使得居住建筑室内设计长期和"装修"等同于一个名词，轻设计重工程的思想经历了很长的一个阶段。

第三，建筑装饰企业的发展壮大，开始逐步走入国际市场。建筑装饰企业也在不断地壮大起来，并逐步具备了承包三星级以上的宾馆、饭店的装饰工程。另外，广东、北京、浙江、黑龙江、辽宁、江西等省市的装饰公司已开始步入国际市场，承包了国外的中国饭店、餐馆的装饰工程，将中国的宫苑、楼阁、园艺、灯彩、家具荟萃一堂，以其特有的东方艺术魅力让外国人为之倾倒，如辽宁省装饰工程公司为苏联的"玛瑙雅号"轮船的装饰取得了很好的声誉和效果。

同时，改革开放开阔了人们的视野，打开了人们的眼界。交通的便利和信息发达使专业工作者和人民群众接受了大量新信息。国外的设计思想、方法和作品通过多种渠道介绍至国内，于是国内的建筑装饰就有了更多的形式。前卫的、古典的、田园的、豪华的纷纷登台亮相，改革开放前那种徘徊、沉闷的空气一下子被活跃生动的氛围所代替。与建筑装饰业密切相关的家具业更是活跃，不仅引进了国外和港台的一些款式，还发掘翻新了我国传统的家具。我们还应该看到，建筑装饰业的发展还带动了相关用品如家电、纺织、机械等行业的发展。所以说，建筑装饰行业的发展带动了整个国民经济的发展。

③ 21 世纪，走向可持续发展的室内设计

伴随着建筑设计思想的逐渐成熟，室内设计思潮和流派也趋向平稳，人们普遍关注的重点从原先的装修、装饰开始走向室内空间的营建。曾坚在 21 世纪初提出了对于 21 世纪室内设计思路的设想，总体上可分为五点①。

---

① 曾坚. 妄谈 21 世纪室内设计思路 [J]. 室内设计与装修，2001（4）：16-17.

A. 室内与自然。室内设计应从重视可持续发展、防止室内环境污染、内外渗透和延伸三个方面处理好与自然的关系。

B. 室内与科技。技术是把双刃剑，室内设计应从应用新技术、开发新材料，以及开发新的环境污染检测手段等方面发挥科学技术的正面作用。

C. 室内与文化。室内设计本身有着极为丰富的本国、本土文化"血统"和文化内涵。

D. 室内与经济。一方面，设计要重视适用，避免因追求形式、追求豪华造成不必要的浪费；另一方面，应提倡低造价、高质量的设计方案。

E. 室内设计对人的关怀。21世纪的室内设计应更重视对人的关怀，重视室内设计的舒适度、人情味和对老龄人、残疾人及儿童的关怀。

2000年以来的10年时间里，室内设计的发展基本上与曾坚的设想是一致的。并且可喜的是，室内设计在前行的路上开始逐步摆脱了20世纪90年代以来的迷茫与浮躁，开始逐步放下过于纷繁复杂的流派之争，开始逐步摒弃过于急功近利的抄袭拼凑，开始逐步找到了属于当代中国的室内设计之路，并在不断思索和总结中一路前行。在这10年里，公共建筑的室内设计从比较单一的宾馆酒店走向与人们密切相关的多种形式，公共建筑室内设计走向全面繁荣，形成高潮；在这10年里，住宅建筑的室内设计从进入寻常百姓家发展到今天人们对精装修住宅的认同和不断推广；在这10年里，旧建筑改造设计从个别项目的"修旧如旧"中迅猛发展为被人们普遍认可并渐成时尚的"旧建筑改造热"；在这10年里，大量设计精品层出不穷地涌现出来，从而使室内设计得以可持续地发展下去。

（2）由南及北

1978年12月18日至22日，中共第十一届三中全会在北京召开，全会做出了把全党的工作重点和全国人民的注意力转移到社会主义现代化建设上来的战略决策，确立了解放思想、实事求是的思想路线。1979年7月15日，中央决定，先在深圳、珠海两市划出部分地区试办出口特区，待取得经验后，再考虑在汕头、厦门设置特区。中央首先考虑在毗邻港澳的深圳和珠海试办出口特区，正是经过了深思熟虑的，随后的实践也证明，港澳先进的技术和文化，得以通过深圳和珠海两个窗口渐次传递到内地的各个角落。南风北进，从改革开放的初始直到今天，港澳及通过港澳传递过

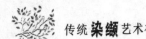

来的西方先进的思想和科技，依然在影响着内地社会生活的方方面面，当然，这其中也包括室内设计及与之相关的装饰、装修行业的发展进程。

改革开放，首先带来的是商务人士的来往与交流，这也就顺应地带动了旅游业的兴起与发展。旅游业的蓬勃发展使得我国这一时期兴建了大量的楼堂馆所，随之而来的是大量的高档次的建筑装饰需求，而这种高档次的装饰相对应地要求设计师具有很高的室内设计水准，这一点又恰恰是经历了"文革"的封闭之后的中国大陆设计师所不具备的东西。只有一个办法：向港澳乃至欧美著名的设计师学习，走出国门去参观、考察，甚至带上尺子去亲自量度、记录。据蔡德道说，在做白天鹅宾馆时，"白天鹅宾馆基本图纸完成时，我们大部分人都没有见过五星级酒店，甚至就连莫伯治都没见过五星级酒店的套房是什么样子，那怎么办？白天鹅项目组的人就到港澳去参观，当天晚上我们吃完晚饭后，主人邀请吃消夜，但我们推辞了，心里一直想着量客房"①，他们住在宾馆里，翻箱倒柜，从浴缸、面盆到水龙头一直量度，地毯都掀开，看里面是什么，一直搞到天亮。其实不仅仅是酒店宾馆的室内设计是大陆设计师所不熟悉的，在一些其他重要的公共建筑，那些在"文革"时期被批判为资本主义腐朽生活方式的一切建筑形式，对于其建筑及室内设计，都是内地设计师的弱项，很多东西见都没见过，甚至有些都没有听说过，更不用谈什么设计手法、设计思路了。

我们知道，在经历了 20 余年的"闭关锁国"之后，改革开放带来的是多年压抑之后的商务与旅游冲动的井喷式发展，国家对于其随之带来的大量楼堂馆所的需求估计是不足的，而且依据自身财力、物力、能力也是不能满足商务和旅游人士急剧上涨的需求的，这时，充分利用外资就成了当时社会的必然选择。外资带来的除资金外，更重要的是先进管理思路、先进经营理念和先进设计手法。在白天鹅宾馆之前，有五座大型涉外酒店都是国外设计和施工，甚至有的酒店连预制构件都从澳大利亚运来。例如：中国大酒店，是香港方案，广州市设计院做施工图，菲律宾的经理，半岛酒店的管理公司；花园酒店，香港司徒惠方案（原本请贝聿铭的），美籍华裔林同炎做结构设计。包括在白天鹅宾馆的设计过程中，当时也曾有人

---

① 《蔡德道先生访谈录》，2007 年 3 月，http://www.douban.com/group/topic/1765995/.

向霍英东提议，可以向澳大利亚订购国外的整套设施，连卫生纸都可以从国外进口。这种情况下，深广一带首先充当起境外设计师在中国内地施展设计才华、展示设计理想的舞台，同样地，深广的设计师得以有机会从境外和港澳设计师的助手做起，逐步学习西方先进的设计理念和设计技术，在大量实际工程的亲身经历和耳濡目染中逐步提升自身的设计水平。

今天的我们回顾那一段历史，很难说清是政策还是经济因素主导了那一场轰轰烈烈的"造楼运动"，但是毋庸置疑的是，在楼堂馆所的建设高潮中，中国也开始了更大范围的开放尝试，从4个经济特区，到14个沿海港口城市，再到加入WTO（世界贸易组织），中国在逐步扩大国门的同时，室内设计的类型也开始更加多样化，境外设计思想的传播也开始从珠三角逐步走向全国。

由于珠三角地区在深圳等的带动下，充当起了改革开放的排头兵，因此许多或先进或过气的设计手法也就首先在深广一带遍地开花。以广州和深圳为代表的珠三角地区逐渐从盲目照搬走向有选择地消化吸收，并逐步对其进行总结、提炼和归纳，使之系统化、条理化，并从影响其周边地域和城市起步，开始逐步向北推进，对日后中国室内设计的发展带来了全新的新鲜空气。

（3）由东向西

1984年5月，中共中央、国务院决定，在总结4个经济特区发展经验的基础上，进一步开放天津、上海、大连、秦皇岛、烟台、青岛、连云港、南通、宁波、温州、福州、广州、湛江和北海14个沿海港口城市。上述城市交通方便，工业基础好，技术水平和管理水平比较高，科研文教事业比较发达，既有开展对外贸易的经验，又有进行对内协作的网络，经济效益较好，是中国经济比较发达的地区。这些城市实行对外开放，能发挥优势，更好利用其他国家和地区的资金、技术、知识和市场，推动老企业的更新改造和新产品、新技术的开发创造，增强产品在国际市场上的竞争能力，促使这些城市从内向型经济向内外结合型经济转化；将4大经济特区和海南包括在内，从南到北形成一条对外开放的前沿阵地；实现从东到西，从沿海到内地的信息、技术、人才、资金的战略转移，以便发展对内对外的辐射作用，带动内地经济的发展。

1992 年，中共中央、国务院又决定对 5 个长江沿岸城市，东北、西南和西北地区 13 个边境市、县，11 个内陆地区省会（首府）城市实行沿海开放城市的政策。中共十四大指出，对外开放的地域要扩大，形成多层次、多渠道、全方位开放的格局。继续办好经济特区、沿海开放城市和沿海经济开放区。扩大开放沿边地区，加快内陆省、自治区对外开放的步伐。

如同在前文中提到的，国家在开放 14 个沿海港口城市后，表现在室内设计领域的大发展，首先依然是楼堂馆所，尤其是在涉外旅游饭店方面的设计中。在旅游饭店方面，无论是座位数、客房数还是等级档次方面，东部都占有绝对的优势。就如 20 世纪 80 年代初期广州、深圳等地的室内设计师对于大型酒店的设计流程了解甚少一样，20 世纪 80 年代中叶以来，14 个沿海港口城市的开放，使得东部沿海地区在整个中国充当起继广深之后的先行者的身份，并且在广深设计师尚未完成总结经验的基础上，同广深的同行一道，开始了向海外设计师取经的艰苦探索之路。当然，由于有广深室内设计师在此前近 5 年的努力摸索，毕竟使得一些设计经验得以在东部沿海地区推广时能够相应地避免曾经走过的弯路或降低某些损失。

此外，一级装饰企业是我国建筑装饰行业的代表，它的发展体现了我国建筑装饰行业的发展水平。从具有一级装饰工程资质的企业分布情况来看，前四强全部在东部沿海地区。这也充分说明我国的建筑装饰行业最先是在东部沿海地区发展起来的，这与这一地区经济发达、人们生活水平高是密不可分的。

广东在地理位置上毗邻港澳的优越性，使得这一地区成了中国室内设计的第一块试验田，成为各位外来设计师实现设计思想的大舞台。一时间各种设计思潮、设计流派纷纷登场，与此同时，以佘畯南、莫伯治及其弟子为代表的一大批我国本土的优秀设计师，在向西方及港澳的设计师和设计典范作品学习的过程中，坚持将本土文化元素融入设计中去，创造出了诸如白天鹅宾馆在内的众多优秀室内设计作品。随着中央对外开放力度的加大，广东不再是孤军奋战，在帮助东部沿海其他兄弟省份学习新的设计理念和技术手段的同时，广东室内设计师走向东部沿海地区，走向中西部重要中心城市，再走向更为广阔的全国各个不同等级的城市，在广东及东部沿海重要地区的带动下，室内设计行业成长得极为迅猛。

在广东的带动下，首先成长起来的依旧是东部沿海省份，一方面是因为这一地区继 4 大经济特区之后率先开放，占据天时和地理优势；另一方面是这一地区经济基础较为优越，对于吸引外资和外来商旅人口具有明显的优势，这也客观上导致这一地区对于大型公共建筑及其室内设计的需求就相应较高。自进入 21 世纪以来，中央密集的政策开始支持中西部及以东北为代表的老工业基地的发展，室内设计领域也恰在此时基本完成了最初的艰难起步和不断探索、学习和总结的过程，室内设计的手法和技术都进入了一个相对成熟的时期，这就为室内设计力量（设计师、设计公司及装饰、装修企业）从东部沿海地区向中西部转移奠定了基础。

（4）先实践再理论

在经历了"文革"的封闭时期后，室内设计界几乎是没有什么理论建树的，而且在改革开放之初从事室内设计的专业人才几乎都是由建筑师兼任或转型而来，其他的从业人员则多是工艺美术师、从事绘画的人员、木工或水电工甚至毫无专业基础的进城务工人员。

在最初的那段时间里，由于理论和实践的双匮乏，突然间大量兴起的室内设计项目使得人们有点束手无策。对于蔡德道而言，由于从事的是国家重点工程项目，还有机会去港澳参观学习，并可利用住宾馆的便利条件来实地测量获取第一手资料。而对于更为多数的一般设计师及从业人员而言，就没有这样的便利条件了。常言道，有需求就会有市场，针对这一问题，许多嗅觉灵敏的出版商就出版了大量的快餐式的室内设计读物。这些资料多以港澳台地区室内设计实例为主，而且图片资料多过工程技术细节的描述，重形式轻实质，适合那些没有太多室内设计经验和知识的人，在从事室内设计项目时，能够模仿甚至全盘照抄。除此之外，还有些在港台地区属于二、三流的设计人员也将他们的作品带到了国内的市场上，由于大陆设计市场上作品的极度匮乏，这些二、三流的作品也成了大陆设计师竞相模仿的对象，一时间泥沙俱下，人们处于一种饥不择食的阶段，基本对于引进的东西都是照单全收，哪还考虑什么理论的诉求和文化的适应。虽然难免良莠不齐，但这种拿来主义模式是向先进水平迈进的务实手段，所以在经历了最初阶段的浮躁之后，室内设计师也在重新审视自己的作品，总结创作过程中的经验和教训，找出设计时存在的不足和将来应该改正的地方及发展的方向等。

但是，这一过程毕竟是要经历一个相对漫长的时期的。中国当代室内设计所面临的特定的历史背景使得它带有明显的先实践再上升到理论的过程，这一独特的现象也就导致室内设计行业规范和行业管理方面的混乱，许多标准不够统一，许多理论来自建筑、艺术等，未能形成一套真正系统的、完善的室内设计理论体系。

1991年，在张绮曼和郑曙旸的领衔下，室内设计界第一本资料集横空出世。① 一时间，《室内设计资料集》成为室内设计师竞相购买的案头宝典，这也充分证明在经历了20世纪80年代整个理论空白期之后，一本实用的、总结多年设计经验而成的资料类图书是在彼时何等的珍贵。客观上说，在这本资料集里，关于理论的总结和阐释仅限于本书的前三章，而且受篇幅所限，许多内容仅只是点到为止，例如对艺术流派与风格的介绍中，每一种风格只有一两页纸来论述，很难将一种风格的特点真正展现到读者面前，但在当时，这些已经是弥足珍贵的了。

之后，理论界开始了设计理论的总结与探索，这其中有代表性的如张绮曼所著的《室内设计的风格样式与流派》，吴家骅的《室内设计原理》，霍维国与霍光合著的《室内设计原理》，黄建军、王远平的《室内设计》，来增祥、陆震纬的《室内设计原理》，谷彦彬、张守江的《现代室内设计原理》等，但是相对于其他相关学科（例如建筑）来说，室内设计的理论体系依旧很不完善。

早在2002年，王国梁就在《建筑学报》上发表文章提出："当今中国的室内设计界，不乏高手，不乏新人，也不乏佳作，缺乏的正是系统的理论研究，与室内设计相关的学术刊物上亦鲜见理论文章。室内设计界基本上还未建立起自己的理论骨干队伍，理论园地荒芜，活跃的市场与萧条的理论构成了强烈的反差。搞理论者清贫、寂寞，终日读书写字，故人们常说写篇论文不如接一项设计，利益驱动的明确指向，造成了学术与市场遥遥相望。各地室内设计沙龙亦大多侃侃而谈，缺少深入课题研究。这一切导致了室内设计业，作品点评少、设计批评少、系统理论少。"②

① 张绮曼，郑曙旸. 室内设计资料集 [M]. 北京：中国建筑工业出版社，1991.
② 王国梁. 室内设计的哲学指导 [J]. 建筑学报，2002（11）：26.

值得庆幸的是，已经有一批人在为室内设计的理论添砖加瓦了，因为无论是高校教学人员，还是奋斗在第一线的室内设计人员，都渐渐地开始明白"理论的缺失造成创作的苍白，中国的室内设计学科急需建立自己的理论体系"[①]。

三、中式室内装饰的构成要素分析

（一）室内装饰设计要素

1. 室内空间构成要素

室内空间是由"地面""墙面""顶棚"三大要素构成的围合空间。地面是室内空间的起点和基础；墙面因地而立，或划分空间、或围合空间；顶棚与地面相对，为遮挡而设。

2. 装饰设计要素

根据装饰设计元素的特征，装饰设计要素主要包含概念要素、视觉要素、关系要素、实用要素。概念要素，是指如物体的图形，我们通常能感到的交接处有点、轮廓有边缘线等，概念要素就包括这些"点""线""面"的内容。视觉要素通常是指通过视觉得到体现的，包括图形的大小、形状、色彩等内容。关系要素是在视觉要素基础上对各要素进行组织、排列，依据关系来决定的要素表现形式，如"方向""位置""空间""重心"等。实用要素是指设计所要表达的含义、内容和功能等。

3. 装饰设计的要点

室内空间是由地面、墙面、顶棚围合而成，因此，对室内空间进行装饰设计的目的就是创造适用、美观的室内环境。室内的地面和墙面是衬托人和家具、陈设的背景，而顶棚的变化会使室内空间更富有情感。

（1）地面设计

地面是影响室内装饰的重要因素之一，第一，在设计中应考虑地面和整体环境协调一致，取长补短，衬托气氛；第二，要注意地面图案的划分、色彩和质地特征等；第三，要满足楼地面结构、施工及物理性能的需要；

---

① 张钦楠，张祖刚. 现代中国文脉下的建筑理论[M]. 北京：中国建筑工业出版社，2008：221

第四，还要同整体室内空间环境相一致，相辅相成，才能达到良好的装饰效果。

（2）墙面设计

在室内视觉范围中，墙面和人的视线垂直，处于最为明显的地位，同时墙体是人们经常接触的部位，所以墙面的装饰要考虑墙面的整体性、物理性、艺术性等要求。

（3）顶棚设计

顶棚是室内空间装饰的重点，也是装饰设计中最富有变化和引人注目的界面，具有强烈的透视感，因此，通过不同的顶棚造型处理，再配以灯具造型能充分增强空间感染力，使其丰富多彩，新颖美观。

（4）陈设设计

体现丰富文化内涵的陈设艺术，从古至今一直在我们的生活中扮演着重要的角色，它的形式、质感、文化特征无不在室内空间与人之间传递着某种氛围、某种情感。室内陈设应达到烘托室内气氛、营造环境意境，创造二次空间、丰富空间层次，柔化空间、调节环境色彩，强化室内环境风格、反映地方特色等目的，通过再现、点睛、提炼等表现手法在本质上传递着一种内在的、深层次的、可延续的传统，使陈设品超越其本身的美学界限而赋予室内空间以精神价值。

4. 中式室内装饰设计中室内围合界面吉祥纹的应用

在现代室内装饰设计的定义中，室内围合界面包括天花、地面、墙面三部分。

（1）吉祥纹样在天花中的运用

天花，也即室内空间的顶面，它在室内空间装饰中扮演着十分重要的角色，在造型角度上留给设计师的设计空间较大，因此其表达的形式语言也较多。传统吉祥纹样在天花中的应用，将直接影响到墙面和地面等其他的室内围合元素。新疆博物馆大厅顶饰吉祥纹样的应用，采用了万福纹进行装饰，纹样间蜿蜒曲折却又连绵不断，运用在中式博物馆室内装饰中，代表了吉祥绵绵的良好寓意。所以在中式室内装饰设计中，我们应根据室内的整体装饰风格出发，根据天花（顶面）装饰题材的不同，对吉祥纹样的丰富题材进行选择。例如，云纹、如意纹、回形纹及缠枝纹、卷草纹等植物纹样，这些吉祥纹样通过形式的简单提取，应用到室内天花装饰中，可以达到意想不到的良好效果，使装饰富有创意性和选择性。

（2）吉祥纹样在地面中的运用

地面在室内设计中承载着室内陈设和人们的主要活动，考虑到它的实用需求，因此多选择耐磨损的材质（如大理石、砖质材料、木质材料等）。在上面饰以一些简单的吉祥纹样，形成简洁美观，功能性强的地面铺装。常用的吉祥类纹样有寿字纹、几何纹、卐字纹、文字文、花草纹等根据环境的不同有选择地引用。另外，装饰纹样有时候也应用在地面织物铺装上，可以应用到不同的室内环境中，会场、餐厅、剧院、居住场所等不同空间，如地毯上的装饰题材，会更为丰富，结构更为庞大一些。（图2-7）吉祥装饰纹样在地面上的应用，为营造中式寿字主题空间的意境氛围，室内地面上的装饰图案以寿字纹为中心，四周围绕植物连续纹样，形成连续不断，吉祥绵绵之意，并采用传统中国红色为主色，传达出一种庄重宏丽的意境，传统吉祥纹样中寿字纹和植物纹样的应用使得整个地面装饰富有延伸感和文化感。

图2-7 寿字主题餐厅地面铺装设计
图片来源：Https://image.baidu.com/

（3）吉祥纹样在墙面中的运用

本书所探讨的墙面，主要是指中式室内空间中用来隔断、遮挡部分空间关系的立面，使室内布局符合功能需求的同时，形式上更加丰富。由于室内空间中的墙面在不同情况下的运用途径不同，装饰纹样的选择也因此有所不同；墙面在中式室内空间装饰中的类型和功能属性不同，装饰的风格特征也有所不同。传统吉祥纹样在墙面上的装饰可以应用到壁画、屏风、挂屏等方面，由于墙面在室内中通常所占的尺幅比例较大，其装饰题材的内容和样式也较为丰富。墙面中的吉祥纹亦精简，亦繁复，都有适合的题材风格。在很多较大型的公共环境空间设计中，如博物馆、展览馆、会所一些大厅中，会应用传统吉祥绘画的形式表现，纹样上饰以异质同构图案，内容有饕餮纹、四神纹（青龙、白虎、朱雀、玄武）、祥云纹、雷纹、几何纹等；也有整幅作品绘画装饰的形式，如在一些版画装饰上，绘有龙凤呈祥的内容；墙面的边缘装饰上，常见的装饰有回纹、卍字纹、卷草纹等植物纹样；通过对文字的抽象变化、刻书来对墙面进行装饰，此种装饰风格较为简洁，多以挂饰的形式表现，传达一种传统文化的意蕴情趣，展现了特有的东方韵味。

图2-8 吉祥纹样在墙面中的应用

吉祥纹样（图2-8）在室内墙面中的应用，这幅图是老人房客厅中的墙面设计，采用了木质结构的寿字吉祥纹样进行装饰，突出了室内的文化气息，并符合居住者的审美心理，在中式室内装饰设计中，墙面的设计我们要依据整体的设计风格进行拓展，墙面上所应用的纹饰要配合地面、天花的风格，相互呼应，形成一体，加强所传达的主题和意境。

（二）中式室内软装饰的构成要素

1. 软装饰的含义

软装饰是指空间中的可移动、灵活性较强的装饰性物品，其概念的定义是对于"硬装修"而言的。硬装修即室内空间中的围合面，具有不可移动、无法轻易改变的特点。狭义的软装饰是以纺织品、植物为主的软性材质制作而成的物品，本书所探讨的软装饰为广义的软装饰，即包括家具、织物、装饰品、灯具、植物、软隔断。软装饰中"软"的含义不局限于材料质地的柔软特性。我们常提到的"软件""软实力"等概念，侧重于非物质性的文化、管理等层面。例如，"软实力"指在国际关系中，一个国家所具有的除经济及军事外的第三方面实力，主要是文化、价值观、意识形态及民意等方面的影响力。在软装饰的概念中加入文化层面的理解将更为全面。

2. 软装饰的构成元素

（1）家具

家具是室内软装饰最重要的构成元素，是人们生活和展开体验活动必不可少的器具，在室内空间中占有很大的比例。家具按其功能可分为桌案类、椅凳类、箱柜类、床榻类、屏座类等。家具与社会生产技术水平、思想观念、生活方式和政治制度等因素有着密切的联系。生活起居方式的改变是家具发展变化的主要推动力，在汉代以前古人大多席地而坐，相应家具造型便较为低矮，直至南北朝时期垂足而坐开始流行，高型坐具也逐渐出现，到了宋代时垂足而坐成了固定的姿势，高座家具种类繁多，更加普遍。明式家具是中国古典家具中最具代表性的、集实用性和装饰性于一体，又融合了文人意趣。家具满足人们使用需求的同时也承担着一定的装饰作用。从材质上来讲，中式家具以硬木为主要和主流材质，受到西方设计的影响，近些年的中式家具设计也有运用金属等材质的尝试，为现代中式家具设计提供了新的可能性（图2-9）。

图2-9 花梨边框嵌鸡翅木牙骨山水宝座[1]

（2）织物

织物是室内设计中空间覆盖面积较大的元素，因此对空间的环境氛围有较强的影响力。色彩艳丽、质地柔软、可塑性强是织物的特点。在室内

---

[1] 朱家溍. 明清室内陈设 [M]. 北京：紫禁城出版社，2017：52.

空间中，织物可以按其功能分为陈设覆盖类织物、地面覆盖类织物、帷幔类织物与墙面覆盖类织物。相比于家具，织物的装饰性更为突出。从材质上来说，织物的材质种类丰富，如棉、麻、丝绸、纱等都在室内空间中十分常见，加之不同的制作技艺，赋予了织物更多样的质感。中国传统的织物纹样包含了几何、动物、植物、人物等，具有极强的装饰作用和文化内涵，如《雍正读书像》（图2-10）中所绘制的两种织物，都是以植物为主题，无论是双色或是多色的搭配方式，都赋予了空间雍容华贵的氛围。

图2-10 《雍正读书像》中的织物[1]

（3）装饰品

装饰品在室内空间中不是最重要的构成元素，却是主人意趣审美和空间文化内涵的体现，是画龙点睛的一笔。装饰品的涵盖范围非常广，传统的书法、绘画、瓷器、玉雕、漆器、石雕、玻璃器皿、金银器等制作精致的艺术品算作装饰品，民间的风筝、剪纸、泥塑，甚至一截枯木也可以作为装饰品。装饰品在空间中可以是纯装饰性的，也可以是功能性与装饰性并存的，如茶具、餐具、文房用品。除此之外，

图2-11 屏风宝座[1]

---

① 朱家溍. 明清室内陈设 [M]. 北京：紫禁城出版社，2017：117.

还有一类装饰品具有宗教内涵，有相应宗教信仰的空间主人会在室内陈设如佛教的佛像、佛龛等。（图2-11）中的屏风宝座前放置的装饰品，有对称放置的宫扇、香筒、熏炉、甪端、仙鹤摆件。依照场合的不同，装饰品的数量会有相应的增减。

（4）灯具

灯具是室内人造光源的来源，是室内空间必不可少的构成元素。按其布置位置可以分为顶灯、壁灯、落地灯等。中式灯具在材质运用上常采用竹、木、金属、绢纸等。早期的灯具多采用落地的形式和金属材质，常常将灯座打造成动物、植物的造型。传统的灯具造型雅致简洁，常在灯具的绢纸上绘制图案达到装饰的效果。皇家建筑空间中使用的宫灯造型华美，常用流苏和珠宝来装饰灯具（图2-12）。现代中式灯具的材质选择更为多样，色彩也更加丰富。

图2-13 故宫储秀宫灯具

图片来源：

https：//www.dpm.org.cn/Uploads/Picture/dc/1581.jpg

https：//www.dpm.org.cn/Uploads/Picture/dc/1584.jpg

（5）植物

中国自古以来崇尚自然，植物是室内空间与自然环境的连接。中国古人"天人合一""道法自然"的思想，让植物这一元素被赋予了丰富的文化内涵和精神品格。古人爱莳花，中式室内植物造景艺术包括盆栽艺术、插花艺术、盆景艺术，以效仿自然的方法对植物进行加工（图2-13）。通过在室内空间摆放植物，可以让人身处居室仍然能够领略林泉野趣。《瓶谱》《瓶花史》从器皿的选择到植物的搭配都有相应的记载和研究。选用的植物也都有其各自的象征性，用以表达空间主人的品格和志向。

图2-13 《点石斋画报》恭亲王奕䜣别墅中的植物[①]

（6）隔断

隔断可分为硬隔断与软隔断：硬隔断是指建筑墙体等无法移动的分隔界面；软隔断是指空间中实际起到了分隔空间作用，但又不将两个空间完全隔离开来、可移动、具有灵活性的物体。我们上文提到的家具、织物、装饰品、灯具、植物都可以作为隔断存在，形式多样，如中国古代室内空间中最为常见的"罩"就有多种形式，像落地罩、栏杆罩、天弯罩等。故宫储秀宫中的隔断即是通过"罩"的运用达到了分隔空间、暗示空间功能转变的目的（图2-14）。软隔断的应用让空间更加灵活多变，是体现中式室内布局形式的重要载体。

图2-14 故宫储秀宫内隔断

图片来源：https://www.dpm.org.cn/Uploads/Picture/dc/1582.jpg

---

① 朱家溍. 明清室内陈设 [M]. 北京：紫禁城出版社，2017：153.

（7）藻井与彩画

家具、织物、装饰品、灯具、植物与隔断中的绝大部分属于室内空间中的陈设，而藻井与梁架上的装饰则属于对建筑构件的装饰。建筑构件的装饰手法以彩画、雕刻为主，在居住建筑、园林建筑和宗教建筑中都有应用。彩画主要分为和玺彩画、旋子彩画与苏式彩画，常常采用饱和度高的冷色调，如绿色、蓝色，再用其他色彩作为点缀。藻井的装饰多采用向心的图形结构，营造出庄重、神圣的空间氛围。故宫养心殿前殿的明间即是以青绿色

图2-15 敦煌莫高窟藻井图

图片来源：http://www.ltfc.net/img/5c067839a67bfc93d185f150

与金色为主在室内的建筑构件绘制图案（图2-6）。敦煌莫高窟窟内的墙壁与天花也常常绘以彩画来达到装饰与营造宗教氛围的目的（图2-15）。

3. 中式软装饰体验性构成元素

中式室内空间软装饰的体验性构成元素包括色彩、材质、造型、纹样、思想文化与风俗习惯、空间形式，按其是否在现实中以实体的形式存在分为有形元素与无形元素。

（1）有形元素

在现实中以实体形式存在的有形元素包含色彩、材质、造型、纹样四类。这四类元素共同构成了软装饰的外在表现形式。色彩是纯粹视觉性的元素，具有极强的装饰性。色彩在室内织物和装饰品中的应用及其中蕴含的礼仪制度和象征性是色彩这一元素的研究重点（图2-16a）。材质是偏向于触觉性的元素，是室内软装饰存在的载体，是建筑空间、家具、织物、装饰品等最基本的构成元素（图2-16b）。造型具有触觉性与视觉性双重属性，是家具、植物造景和非书画类装饰品最直观的表现形式（图2-16c）。纹样的表现通过不同的制作手法，可以拥有一定的触觉性，同时纹样的题材丰富、样式繁多，具有极强的装饰性和象征性（图2-16d）。

a. 色彩 　　　　b. 材质 　　　　c. 造型 　　　　d. 纹样

图2-16 有形元素

图片来源：a. https://baike.baidu.com/item/五大名窑/7319439？fr=aladdin

　　　　　b. https://huaban.com/pins/2350221051/

　　　　　c. http://www.nipic.com/show/4/79/4266440ka97c3e19.html

　　　　　d. https://huaban.com/pins/2350212136/

（2）无形元素

在现实中不以实体的形式存在的无形元素包含两类：思想文化与风俗习惯及空间形式。思想文化与风俗习惯从礼仪制度、哲学思想、艺术审美、民间习俗等方面影响着软装饰体验性构成的其他元素，是中式室内软装饰的精神内核（图2-17a）。空间形式和思想文化与风俗习惯不同，如果说后者是因其体现为内化的文化而无形，那么前者的无形则表现为不可实际触碰的表达形式。空间形式无法单独存在，是通过家具、织物、装饰品、灯具、植物、隔断的排列组合体现出来的（图2-17b）。

  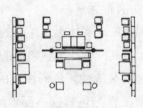

a. 思想文化与风俗习惯　　b. 空间形式[①]

图2-17 无形元素

图片来源：a.http：//blog.sina.com.cn/s/blog_5178a6be0102x2cn.html

───────────

① 张绮曼，郑曙旸. 室内设计资料集 [M]. 北京：中国建筑工业出版社，1991：361.

第三章　中国传统文化元素在现代室内装饰设计中的应用

中华民族是一个具有 5 000 多年源远流长历史的文明古国，在那漫长的历史长河中，中华民族积累了博大精深的优秀传统文化，是我们用之不尽、取之不竭的文化宝藏。正是在这种因素的基础上，中国人对传统文化情有独钟，同时中国传统文化正潜移默化地影响着我们的生活。我们不能忘却传统，将传统文化保护并传承发扬下去是一项任重道远的使命。随着人们生活水平的不断提高，作为当代主流文化的代表，设计艺术已经不再是少数人参与的陌生领域，而普遍地存在于社会大众的审美印象中，以创造符合人物质和精神上对美好建筑环境需求为己任的室内装饰设计者也在同样承担着这份责任。

中国室内装饰设计发展到今天，始终在面对外来思想和异邦文化带来的冲击，也在面临传统与现代在设计观念、设计思维上的对接。将中国传统文化与室内装饰设计相结合，很长一段时间里，都是室内装饰设计行业里的一个重要的风格倾向。本章首先探讨了室内装饰设计的基本要求，其次梳理了中国传统文化元素在现代室内装饰设计中应用的思想溯源，最后探讨了中国传统文化元素在现代室内装饰设计中的传承与创新。

一、室内装饰设计的基本要求

（一）室内装饰设计的使用功能要求

家是人活动的一个重要场所，营造一个良好的家居装饰环境显得十分必要，要营造家居环境，室内装饰必不可少。空间装饰设计要以营造良好的室内空间装饰环境为目标，在满足使用功能的前提下进行装饰，把一些基本的需求生活、工作、休息、生产放在首要考虑的位置，然后去营造一个舒适化、合理化、科学化的空间环境。舒适化即让疲惫一天的人们回到家中有一种依赖感、归属感，卸下了一天的疲惫回归到最真的自己，让人发自内心地感觉出美好，人与整个空间环境都处于一种和谐的氛围中，即包含与被包含的关系，在室内装饰环境中舒适与否是来自人心里最直接真切的感受，这在室内装饰中显得尤为重要。合理化就是每个物品的存在都有它的道理，符合正常的工作生活需要，比如书房就是放书的地方不可能放在厨房，这些最基本的物品归置原则，还有就是人们活动与空间的联系，要考虑空间的比例及尺寸。科学化，比如室内的家具和陈设，要考虑到室内的通风、照明及采光的状况，还有整个空间的层次大小、虚实程度，各个空间之间的衔接等，使室内给人呈现一种美的感受。

（二）室内装饰设计的精神功能需求

对于室内装饰的使用功能来讲，精神功能也同样重要，使用功能是前提，精神功能则能影响人们的心理感受，达到满足人们的情感需求。通过各种家居装饰氛围的营造，去展现自己的审美情趣，通过对装饰材料及其色彩、图案的选择来塑造个人的居住风格品味，去化解建筑物的冰凉冷漠，使居住者与建筑空间、室内环境进行"感情"交流。例如：纤维织物柔软的特性使人感到亲近和舒适；造型线条曲直给人一种优美和刚直感；色调冷暖明暗会引起人的某种情感心理活动。身处于这样一个空间中，充分利用装饰物"与人对话"，促进人与环境之间的情感交流。

（三）室内装饰设计的现代技术要求

随着科技的迅猛发展，室内装饰也需要考虑到与现代科技的结合，艺术与技术相结合。一切生命源源不断向前发展的动力来源于创新，只有创新才能赋予新的活力，才能与时代接轨。为了使室内装饰满足精神需求，要积极开发并善于运用最新的科学技术成果。比如在纺织装饰物品中，麻织物古朴、粗犷，丝织物柔软、细腻，棉织物温暖、柔和，毛织物丰满、润泽，这些织物单一质朴的特性带给人精神上不一样的感受，在现代织物中由于科学技术的加入，通过编、织、绣、缝、印等工艺的加工提炼，促使织物无论是在性能，还是肌理、色彩上都更加完美。在性能方面，由于科学技术的加入，许多织物具备防虫蛀、防灰尘、挡风、吸湿、调温、控光等多种性能。功能性的大大提高，满足了人们的多种需求，对于提高室内空间的环境质量，以及营造室内的文化氛围，都起到了重要的作用。

（四）室内装饰设计的地区特点和民族风格要求

由于人们所处地区的气候、自然环境、文化等因素各不相同，因此在建筑风格上存在很大区别，这种地域的差异性决定了不应该用普遍性的设计风格和装修原理，而应该因地制宜充分考虑当地的人文环境。室内装饰设计由于会受到当地的历史文化、气候条件的影响，在装饰时会具有当地的风格与特征。空间决定了它必然会反映出时代精神，包括当前的科学技术发展水平。因此，在进行装饰时既要具有地区特点，又要富有时代特征。与时俱进，在不抛弃地区特点文化的同时，大胆创新使其发挥出新的活力，唤起民族的自尊心和自信心。

二、中国传统文化元素在现代室内装饰设计中应用的思想溯源

中国传统文化积厚流光、百家争鸣。"一分为三"是构成中华民族传统文化的主旨精髓，作为一种中国人的思维理念，其本质是辩证的。中华民族传统文化在其几千年的产生、演变、发扬的历史过程中，先是儒家文化与道家文化，随着古印度地区的佛教传入并后期改造，中国的佛教思想形成体系。在往后的千余年来，儒家、佛家、道家三家之间在相互碰撞摩擦、相互兼容并蓄的里程中，推动着中国传统文化的繁荣和壮大。对室内环境而言，传统文化元素包括中国的儒、释、道文化及中国传统美学等方面。下面从中国传统文化的内涵和传统哲学思想方面，分析传统文化元素对室内装饰设计的影响。

（一）内外渗透的空间——师法自然的道家文化

我国先秦道家的创始人老子在他的《道德经》中有这样的表述："人法地，地法天，天法道，道法自然。"老子认为，天下万物本乎自然，自然有其一定的规律，因而提倡"法自然"，艺术也应该是效法自然。早在

先秦时期,智慧的中国人就提出了"天文"和"人文"这两个观念。"天文"指自然秩序,"人文"指人事条理。强调人与自然不是对立的,是"天人一也"(董仲舒语)。认为人是应该合于自然的,这种主客互融的"天人合一"思想成为中国传统文化的精髓。明末造园家计成在他撰写的造园专著《园冶》中提出"巧于因借"手法,正是因为崇尚自然的造园理论,把窗外自然的景色用借的手法引入室内,加强了室内外的空间渗透,把中国传统室内设计的传统理念推向了一个新的高度。

图3-1 中国传统建筑内外通透的空间

由于人都有对于自然环境的向往需求,所以在中国传统建筑和室内设计中,强调在室内外空间渗透的表现。人们通过建筑雕空的门窗,通过视觉能更好地接触外面的大自然,这种实中有虚、虚实相生的美学,渐次形成中国古代建筑艺术"内外渗透"的美学,亦是受中国传统的"师法自然"的道家文化的影响使然。中国传统建筑内外通透的特点,正是表现出一种人们对自然美的享受,对大自然的热爱的愿望(图3-1)。

内外空间的渗透理论在现代室内设计理论中也占有很重要的地位,现代室内设计理论强调空间围透的关系处理,如果只围而不透,会让人觉得闭塞、压抑,但只透而不围则犹如置身室外,缺乏私密性。因此,好的室内空间是将围与透这一对矛盾因素成功地统一在内部与外部的环境中,使内与外空间交融渗透。人与外界既有围又有透,围与透相互因借,共同表现。而在中国传统文化的影响下,这种"内外渗透"的美学思想早已在中国传统建筑装饰中得到淋漓尽致的表现。

在中国传统建筑中,室内外环境关联与渗透的建筑构件为木制隔扇门和隔扇窗,隔扇不仅可嵌在柱间灵活拆卸,进行室内空间的变换,而且这些连续的隔扇与室外的植物、水景、山石、室外围合的庭院及自然风景形成相互渗透,如传统园林中的内院空亭、游廊、轩榭、敞厅、廊窗及诗情画意的自然景观通过空间渗透、借入室内。从感觉上扩大了室内空间的范围,同时通过人的移动，产生"步移景异"的效果。中国古人常说的"移天缩地"的手法，利用"借景"将自然景观引入室内，以求得精神上对自然美的享受。而室内空间的相互渗透有多种处理手法：可以利用镂空的罩、隔断、架等形式来达到空间相互渗透的目的，创造出婉转、隐约的美学形式，表现出一种"欲隐欲现"的东方意境。例如常见的博古架，把空间半藏半露的分隔开，人们透过博古架可以看到另一个空间，形成空间上的视觉渗透，即使架上摆满古玩，也不能将空间完全阻隔。博古架既是一种灵活的隔断形式，又是一件家具，体现一种朦胧的东方意境。

　　中国传统建筑中内外渗透的空间还源于《易经》中的《离卦》，宗白华在他的《中国美学史中重要问题的初步探索》一文中就提出：古代建筑艺术思想与我国《易经》中的《离卦》的美学思想很有关系，古代的离就是古字"明"。离卦的图形形象就像个雕空透明的窗子，离卦就包含了人与外界既有隔又有通的环境美学，是富有诗意的创造。《离卦》的美学思想就是虚实相生的美学思想，这种美学思想就产生传统的内外通透的空间。①

　　（二）严整的布局——寓于伦理的儒家文化

　　尽管《诗经》中就有"殖殖其庭""哙哙其正"描述西周时期的宫殿建筑规则方正格局的诗句。但中国传统建筑与室内的严整的布局，是受到传统儒家文化中"礼制"的影响。我国受传统儒家文化影响很深，封建统治者利用儒家礼制来规范人们的行为，用这种规范来巩固封建统治阶级的统治地位。儒家文化的礼制观念，将中国传统的社会关系归为"三纲五常"，即君臣、父子、昆弟、夫妇、朋友五大类，这种社会关系的界定，宣扬了人的上下有别，体现了统治阶级推崇的一种秩序。这种儒家文化中的礼制秩序，成为严整有序的社会规范，不但为封建统治者用以巩固封建统治阶级的统治地位，而且也间接影响了在建筑和室内的布局，无形中也成为严整有序的社会规范的一部分。中国传统住宅的四合院就是这种严整有序布局的代表，就是这种严整有序的社会规范的具体表现。四合院通过对正房、厢房的安排，体现了亲疏、尊卑、长幼的礼制秩序关系，从而起到"成教化、助人伦"，规范社会秩序，维护统治者权威的作用。中国传统建筑"家"

---

① 宗白华. 美学与意境 [M]. 北京：人民出版社，2009：354.

的概念正是在这种礼制秩序关系格局的基础上展开，在中国传统伦理道德的价值观影响下的将建筑和室内设计的手法理念，就产生出具有中国特色和传统伦理精神的建筑和室内布局。

传统建筑与室内的对称布局，还表现出"中为尊"的观念。中国传统建筑的平面布局一般都有明确的轴线，一般采用建筑物的方位和造型来确定建筑的主从关系，然后用这条轴线通过严格的对称方式把整个建筑组群串联起来，形成统一建筑群。对于室内布局也常采用这种轴线对称的形式进行布置，用严整的布局以表现主次和秩序（图3-2）。例如对室内家具的摆放也采用对称布局形式，家具一般采用成组或成套的，几、椅、橱、

图3-2 中国传统室内对称的布局

柜、架一般采用偶数，且对称布置，成对摆放。以临窗或迎门空间摆放的桌案为布局中心，整体布局力求严整有序。这种规整的建筑布局和室内对称布置，受"中为尊"的传统文化观念影响，不仅是以秩序为美的艺术形式的表达，也是儒家"中正无邪，礼之质也"（《礼记·乐记》）思想的体现。

（三）极饰反素——雕缋满眼与疏简素淡并存的共生美学

在中国传统的艺术哲学中有这样的观点，传统文化有雕缋满眼与疏简素淡两种美学并存的现象，"雕缋满眼"指的是在装饰时使用最贵重的材料尽其所能，精雕细琢，极尽装饰之能事，表现一种豪华奢靡的装饰美学，包括一些工艺美术品的制作也是这样，如骨雕、漆器、金银错等。"疏简素淡"指的是在装饰时强调物体的本性，强调本色的美，强调意境的创造，一如倪云林的山水画，陶潜的诗。反映在建筑艺术和室内装饰设计中就有皇家建筑的镂雕满眼与江南民居的疏简素淡两种风格。

古代文献记载过这种错彩镂金装饰风格的皇家建筑。据《三辅黄图》记载：汉长安未央宫的前殿东西长有五十丈（1丈约为3.33米，下同），深十五丈，高三十五丈，大殿"以木兰为棼橑，文杏为梁柱。金铺玉户，

华榱璧珰，雕楹玉碣，重轩镂槛，青琐丹墀，左碱右平，黄金为壁带。间以和氏珍玉，风至，其声玲珑然也"。用名贵的木兰、文杏作为房屋的梁、柱、檩、椽，用玉石作为门户和碑碣，在柱子、栏杆上布满雕刻，并在墙上用黄金、珍宝玉石作为装饰，这座未央宫的瑰丽可以说达到了登峰造极的程度①。《三辅黄图》中还记载：汉成帝时，为昭阳殿增饰"昭阳舍兰房椒壁，其中庭彤朱，而庭上髹漆，切皆铜沓，黄金涂，白玉阶，壁带往往为黄金釭，函蓝田璧，明珠翠羽饰之，自后宫未尝有焉。"

古代文献的描绘往往带有渲染成分而不完全符实，但一定程度上反映出古代皇家建筑装饰的错彩镂金、雕缋满眼的装饰风格。从现存考古发掘的秦汉时期精美的漆器、青铜器等工艺品可以窥见当时工匠掌握的精湛技艺，已经达到高超的艺术水平。可以想象这些高超的技艺也会同样使用在皇家建筑上。所以有理由相信，那个时期的宫室建筑除规模巨大以外，在装饰上也必然是相当华丽的。这种错彩镂金、雕缋满眼的装饰风格是完全可以实现的。

错彩镂金，固然是一种美，但向来被认为不是艺术的最高境界。而自然、朴素的美才是最高境界，如"初发芙蓉，自然可爱"，是另一种疏简素淡的美。我国的《易经》中的《贲卦》就包含了华丽繁富和平淡素净这两种美的对立②。《易经·上九》有云"白贲，无咎"。贲者饰也，贲，用线条勾勒出突出的形象。贲是斑纹华彩，绚烂的美。白贲，则是绚烂之极又复归于平淡。这种思想在中国美学史上影响很大。汉代刘向《说苑》："孔子卦得贲，愀然仰而叹息，意不平。子张问，孔子曰：'贲，非正色也，是以叹之'，'吾闻之，丹漆不文，白玉不雕，宝珠不饰。何也？质有余者，不受饰也。'"所以荀爽说："极饰反素也"。最高的美，应该是本色的美，就是白贲。

令人惋惜的是中国传统建筑的"错彩镂金、雕缋满眼"的美学观，至今仍为大多数人津津乐道。在中国画从金碧山水到水墨山水，中国诗文讲究绚烂之极，归于平淡，在中国书画艺术和文学艺术已经从文饰美到朴质美的转化的现代，而建筑装饰艺术中追求较高的艺术境界，即白贲的境界却不被人所重视。

---

① 楼庆西. 中国古建筑二十讲 [M]. 北京：生活·读书·新知三联书店，2004：272.

② 宗白华. 美学与意境 [M]. 北京：人民出版社，2009：353.

但建筑装饰艺术中追求的白贲的境界者，亦有其人，清代文人李渔就是其中的一位。李渔亲自参与了居室设计的过程，他认为室内装饰应遵循"宜简不宜繁，宜自然不宜雕琢"（《闲情偶寄·居室部》）的原则，"反对千篇一律地追求奢侈豪华，提倡变化、追求韵致、高雅、空灵"①。他参与设计居室多素洁雅致、清新自然、富有文人的诗情画意。

　　李渔的"土木之事，最忌奢靡"及"宜简不宜繁"的主张体现了中国文人以简洁、素淡的美学观。居室装修中的"错彩镂金、雕缋满眼"易形成奢华富丽的装饰效果，较容易体现主人的地位与身份象征，所以权贵崇尚这种奢华富丽的装饰。但对于追求疏简素淡美学意境的文人来说，奢靡的装饰破坏了物体的本质，破坏了自然的材质、结构与肌理，比如窗栏等木工工艺应该符合木质材料的特性，如果雕刻太多的话，木质受到破坏，反而容易腐朽，不能长久。所以李渔在《闲情偶寄·居室部》中认为："简斯可继，繁则难久，顺其性者必坚，戕其体者易坏。"对于居室来说素洁雅致、疏简素淡的风格才是最适宜的。

（四）壮丽博大与雅致小巧并存的共生美学

　　中国有"尚大""以大为美"的传统。这种"以大为美"的传统美学思想与《周易》中的"大壮"思想一脉相承。《周易·系辞下》曰："上古穴居而野处，后世圣人易之以宫室。上栋下宇，以待风雨，盖取诸大壮。"又《象》曰："大壮，大者壮也。刚以动，故壮。"这里，"大壮"与建筑相联系，明显地包含有壮观、壮美之意。"壮美"即古人所说的"阳刚之美"。所以对萧何营造长安宫时，主张的"非壮丽无以重威"就很好理解了。宋梁周翰在《五凤楼赋》中有："不壮不丽，岂传万世。"我国传统的宫殿、宗庙建筑及装饰都受这种壮丽博大的建筑装饰美学的影响。

　　而对于住宅建筑及其装饰，古代的文人雅士更倾向于追求雅致小巧。明代文人文震亨在《长物志》中就对居所的装饰有如下观点："要须门庭雅洁，室庐清靓，亭台具旷士之怀，斋阁有幽人之致。"李渔在《闲情偶寄》中也说："盖居室之制，贵精不贵丽，贵新奇大雅，不贵纤巧烂漫。"

---

① 林海，吴剑峰. 中国古代室内设计的文化底蕴与艺术传统 [J]. 家具与室内装饰，2001（3）：52-54.

这些都说明了古代的文人雅士推崇建筑及其装饰的雅致小巧。这种以雅致为美的装饰观念的出现，是封建社会后期文人雅士受更为自由的审美观念和艺术理想的影响，这种变化审美观念与传统山水画的青绿山水转变为水墨山水很有关系。

《长物志》中推崇"桃李不可植庭际，似宜远望""红梅绛桃俱借以点缀村中，不宜多植"，可见对一些有点色彩的树都是很小心的种植，唯恐这些花树破坏了青绿的素雅的整体艺术效果。对室内的装饰不用彩画，不用大红大绿的色彩，门窗和立柱是赭石色的，墙是白色的，瓦为灰黑色的。对于植栽，喜用青竹，讲究四季常绿，如苏州的很多园林就是如此，用白的墙，黑的瓦，绿树褐石，组成一个素淡雅致，色调统一的画面。

室外环境如此，室内空间布置也是一样。追求一种淡泊、雅致、素淡的意境。例如苏州网师园的室内，白墙、灰地、黑柱，一律深色的紫檀家具，连案上的瓷瓶陈设、墙上的字画都是素色的，唯恐破坏了这素色的意境。但在几上却摆的盆花，却是用些亮色如红色、紫色，梁下挂着宫灯的穗带也用红色，用这些小色彩的对比，起到了画龙点睛的作用。用大色彩的协调，小色彩的对比，使得这些纯度高的鲜艳的色彩在素淡色环境中却显得突出而鲜明。

雅致小巧，幽寂脱俗可以说是古代文人雅士所崇尚的。李渔《闲情偶寄》说私家园林是"以一卷代山，一勺代水"；郑板桥在《板桥画竹石》中有："十笏茅斋，一方天井，修竹数竿，石笋数尺"也是这种雅致小巧装饰美学的写照。

（五）飞动之美——生命之舞的美学

中国古代舞蹈、杂技等艺术很发达，有庖丁解牛之"合于桑林之舞，乃中经首之会"的布衣之舞；还有草圣张旭悟笔法所见公孙大娘舞剑的侠女之舞；更有画圣吴道子请裴将军舞剑以助壮气的将军之舞。郭若虚的《图画见闻志》记载："唐开元中，将军裴旻居丧，诣吴道子，请于东都天宫寺画神鬼数壁，以资冥助。道子答曰：'吾画笔久废，若将军有意，为吾缠结，舞剑一曲，庶因猛厉，以通幽冥！'旻于是脱去缞服，若常时装束，走马如飞，左旋右转，掷剑入云，高数十丈，若电光下射。旻引手执鞘承之，剑透室而入。观者数千人，无不惊栗。道子于是援毫图壁，飒然风起，为天下之壮观。道子平生绘事，得意无出于此。"① 大画家居然要裴旻舞剑助兴，才能够画出绝妙画图，大概这就是艺术相通的缘故吧。但"舞"确实是中国传统艺术哲学中的重要部分。

中国传统的绘画、书法、雕刻也常呈现这种飞舞的状态。《楚辞》和汉赋中记载了宫殿宗庙这种飞腾生动的彩绘雕刻。在《文选》中的《鲁灵光殿赋》有这样的记载，殿内的装饰有许多飞动的动物形象：有飞腾的龙，有愤怒的奔兽，有红颜色的鸟雀，有张着翅膀的凤凰，有转来转去的蛇，有伸着颈子的白鹿，有伏在那里的小兔子，有抓着橼在互相追逐的猿猴……

这种"舞"最终发展成为中国传统艺术"飞舞之美"的艺术意境，成为中国一切艺术境界的典型。宗白华认为："舞"是高度的生命旋动，也是宇宙创化过程的象征②。诗人杜甫形容诗的最高境界说："精微穿溟滓，飞动摧霹雳。"（《夜听许十一诵诗爱而有作》）前句是写沉冥中的探索，透进造化的精微的机械，后句是指着大气盘旋的创造，具象而成飞舞。深沉的静照是飞动的活力的源泉。只有直接、具体、活跃的"舞"，才能映射中出生命的本质、运动的本质。

除中国传统的绘画、书法、雕刻中的"舞"之外，在中国传统建筑中，有用建筑的飞檐表现舞姿，表现出这种飞动之美。《诗经·小雅·斯干》里赞美周宣王的宫室时就是拿舞的姿势来形容这建筑，说它"如跂斯翼，如矢斯棘，如鸟斯革，如翚斯飞"。

三、中国传统文化元素在现代室内装饰设计中的传承与创新

（一）传统文化元素在现代室内设计中的传承

1. 现代中式室内设计风格原则

中国的传统哲学、政治法制、伦理道德和审美观念，塑造了中国的室内空间艺术形态；传统室内环境的风格又在耳濡目染教化着国人的思想、意识、行为及习惯。现代社会对中国室内设计风格的传承，来源于对传统文化的认识，对传统文化进行提炼，将传统元素与现代生活形态相融合，

---

① 宗白华. 美学散步 [M]. 上海：上海人民出版社，1981：79.
② 宗白华. 美学与意境 [M]. 北京：人民出版社，2009：197.

将丰富的传统韵味物品用当代人的审美价值观来形塑，在当今社会环境下的传统艺术得以延续与发展。从而建立具有中华民族传统文化价值的现代室内设计文化标准，打造出古今融合的现代化中式室内作品。

（1）对传统文化的继承

中国是一个重视文明发展的国家，历史所传承下来的思想品质、伦理法制、民风民俗、艺术修养等，是中华民族几千年文化的沉积，对于当代艺术创造有着极其深远的指导价值。现如今设计师所注重的中式风格是一个重视延续历史、着重体现民族性，将中华民族传统文化内涵融入地域化设计风格。在现代中式风格中结合了中西文化，以中国传统思想为指导，"古为今用"以满足现代生活需求，是对中国传统文化的传颂，结合现代的情韵，演绎出传统与现代的完美交融。在当代室内设计作品中呈现中华民族传统的文化精髓，是中国室内设计师的光荣使命。

（2）与现代科学技术协调

室内设计是科学文化和审美艺术、生理需求和心理要求、物质基础和精神层面的统筹和协调。中国传统文化中"天人合一"的主张，重点在于人与自然的交融，它也蕴含了室内空间设计的理念——人与环境的相互作用。现今中国在全球化的大环境中，可持续发展是世界共同面临的重要主题，同时体现了科技进步的"绿色设计"概念与中国传统价值观一脉相承。室内设计的绿色设计是重要的指导思想，一方面依靠高新技术支持，在室内使用绿色环保的装修材料和安全的环境系统；另一方面是创造生态空间，以空间自身节能环保为基础，并运用大量绿化手段，使空间系统自我调节。

在现代室内设计中，我们一方面要重视现代科学技术的应用，另一方面也不能忽视艺术的指导作用，以传统文化为依据，在现代空间中将传统美学原理与现代物质技术手段协调搭配运用，构建出具有艺术感染力和文化内涵表现力的室内中式环境风格。提倡现代设计"高科技与高情感"的理念。在继承传统文化思想精髓的同时，使在快节奏的现代社会生活的人们在心理上和精神上得到慰藉。

2. 空间与结构

空间与结构是互相依存的关联状态，没有结构体的支撑与围挡，就无法满足使用者对空间的使用功能需求；同样没有空间的界定，结构也就没有了表现的价值。彭一刚教授在《建筑空间组合论》中指出："具体地讲围隔的空间必须具有确定的量（大小、容量）、确定的形（形状）和确定的质（能避风雨、御寒暑、具有适当的采光通风条件）；就后一种要求而言，则是要是这种围合符合于美的发则——具有统一和谐又富有变化的形式或艺术表现力。"① 现代社会形态使得室内空间要满足变换多端的生活需求，对传统空间的继承，不能只做表面功夫，单纯形式上的照搬，要从平面的归纳布局、空间的特型组织上用整体角度思考。以空间流动性为基础，选取代表性传统元素符号点缀，同现代室内空间结构和功能紧密结合。

常用的中国传统室内的空间划分元素的范围多种多样，如屏风、隔扇、博古架、门窗、花罩等室内构件。

窗，是建筑功能空间的必要性构成元素。一方面它的设置可以使室内拥有良好的通风、采光，提高了室内物理环境的舒适性；另一方面中国传统艺术附加给了窗元素各种各样的美学形式，各式各样的棂格本身就是一个艺术品，用它来点缀室内空间，使室内空间具有灵秀典雅之美。

隔扇，是中国特色建筑空间构件元素。通常隔扇有三部分：上端的隔心部分和下端的裙板部分由中段的绦环板连接组成。它在传统室内空间的设置，可以兼顾墙、门及窗的功用，常被排布在室内立面的视觉中心位置，所以对隔扇的装饰性演绎是不容小觑的。由各式各样的窗棂构成位于上端的隔心，所以通透、灵活并且开启自如的空间处理方式，在传统室内空间里被大量运用。

落地花罩，作为木雕花罩的一种表现样式，用于传统建筑空间的内檐装修，有传统室内空间的区域划分的功用，是一种室内空间装饰设计手法。罩子的种类繁多，华丽的纹饰雕刻、吉祥寓意的题材图案，堪称传统室内空间结构里的艺术佳品。

作为划分室内空间的传统构件元素众多，它们具有功能性的特征用来划分空间，同时也兼具装饰性，可以传统中国传统美学的意境。

3. 材料与工艺

室内空间的造型形态取决于所选用材料的物理属性，不同的材料会产

---

① 彭一刚. 建筑空间组合论 [M]. 北京：中国建筑工业出版社，1998：12.

生不同的质感；即便是相同的材料，但由于工艺技法的不同也会产生不同的质感。将本土材料和现代工艺搭配应用创造出的艺术元素，使其在当代室内设计中的合理运用，可以创造出拥有地域特色的优秀室内设计作品。

（1）天然材料的选用

传统室内工艺重在材料的选用上，木材自然的表面肌理和光泽的和谐，配合匠心巧思，使得传统室内物件的衔接工艺流畅自然，品相上肌理清秀、色泽高雅、洁净柔和。在现代室内设计中，这种自然材质的选用完全不会显得过时，反而给现代空间增添了清新雅致的质感。

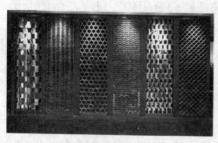

图3-3　京兆尹隔墙纹样

著名设计师张永和设计北京京兆尹餐厅的室内空间对天然材料的选用，它结合北京传统四合院民居的特征，从中提取出木料、砖石、瓦片等典型材料，对它们采用特殊手法拼接组合，如用叠涩的传统工艺技法制作出来的吧台，以及用木质切块搭建而成的隔墙，简约素雅，富有地域特征，巧妙地表达了传统与现代的结合及共生（图3-3）。

（2）多种材料协调搭配

不同于古代的材料缺乏、技术落后，现代科学技术的发展，有丰富的材料可用来选择。不同材料可以给人带来不同的观感、触感及心理感受。石材的堆砌表现得凝重且坚固；金属的铸造显得华丽而高贵，而面料的编织给人以柔和且温暖的感觉。材料的丰富和工艺技法的发展扩充了设计师选择的自由度、激发了创作的灵感。通过材料表达传统和现代在空间中的统一，这种新材料、新工艺与传统文化之间的冲撞、融合，带给观者的是对传统文化的情感体验。

现代室内设计中高度重视对材料的环保性、工法的科学性及艺术性，将其相互协调，需要当代设计师的创新精神，如成都钓鱼台精品酒店俱乐部的会客厅设计（图3-4），传统木质顶面天花及灯饰，线条流畅的木质板材茶几搭配硬朗的皮质沙发，在柔软的绿色地毯的映衬下，兼具环境舒适性与时代感，是中国传统典雅意境的现代演绎。

图3-4 成都钓鱼台精品酒店俱乐部

4. 光影与色彩

万事万物向阳而长，阳光、光明是对"阳"的解释，也是对"光"的诠释。光是表现空间物体色彩、形态、质感的主宰元素，没有光所有观感都不复存在。"光"的表现多种多样，通过照度的强弱、光色的冷暖、照明的手段等产生的光影效果都对室内气氛产生重要的影响。同样，采光方式的不同也会使室内光环境有明暗、色度、层次的变化。光环境的营造是室内设计的重要环节，光不单单是对视觉功能需要的满足，也是创造美学艺术重要的条件。光可以形成空间质感，这种环境氛围，能诱发使用者的情绪响应和心理反应。

色彩通常被科学地解释为：色彩来源于眼睛对光反馈的视觉效应；但其并不是单一的感知，它的产生是通过眼睛、大脑，以及人们日常生活的经验共同作用。由此得知，光是人们对颜色感知的必要性条件，但并不是决定性因素。光源、眼睛、物质自身的特质三者之间所构成的关系产生了色彩，由此可知，色彩的生成是由物体本身的物理属性配合光的照度共同决定的。而色彩带给人们的不只是视觉的反馈，还有由视觉感知而引起的内在情感反应。

在设计作品中可以通过丰富的色彩表现设计师的创造力。通过颜色在室内设计中合理的应用，能有效引起空间使用者的情感共鸣。色彩的物理属性从视觉角度来分析：色彩分为冷色色调、暖色色调及中性色调。其实色彩的本身并没有温度冷暖的差异，而是人们通过视觉的色彩反馈，结合大脑对以往经验的调和，在心理上产生情感的联想。通常暖色调使人倾向于阳光、火焰等温暖、炙热的情感；冷色调使人倾向于海洋、冰雪等平静、冷静的情感；而中性色调是一种平和的过渡色，配合冷暖色调，会产生不同的倾向情感。色彩不只有冷暖色的情感表达，还可以通过很多种方式影响人们对空间环境的心理感知，如色彩纯度的高低、色彩明度的强弱等。其中也可以通过色相不同的表现特征，给空间环境进行定义，如红色给人们热情的环境氛围、黄色给人们活力的环境气氛、在蓝色的空间环境里可以使人们获得平静等。室内设计师要充分运用色彩的表现力，使色彩引起人们在空间中的情感共鸣，与空间参与者进行心理交流。明白这一点，现代室内设计通过色彩也可以传递地区风俗、地域特征的多重文化信息，对传统色彩的继承，也是当代室内设计对传统文化有效传播的方式之一。

5. 室内造景

中国传统文化中"崇尚自然"的思想，不仅是把室外的天然美景通过借景手法引入室内，在室内也会增添人造景观用以美化空间环境。室内的景观设计给环境中我们视觉可以感知到的植物或其他物质的形态组合增添一定的美学价值，使得它能与室内环境相协调，以其赏心悦目的感官体验，来提升置身于室内环境的舒适度，是设计师的文化内涵和创造力的综合体现。中国传统文化赋予了大自然身心舒畅的生理感受和寓意深厚的精神指引。在现代室内设计中通过人文景观的创意设置，可以体现出现代文明在驾驭自然上的创造力，但这种驾驭能力是以与自然和谐相处为出发点，统筹文化和科技等方面运用，展现人们的智慧，创作出具有传统文化美学内涵和现代审美情趣的景观新面貌。

（二）传统文化元素在现代室内装饰设计中的创新

室内装饰是室内设计艺术审美价值的重要构成形式之一。中华民族文化源远流长，中国如何做稳做强"文化大国"，是当代世界文化理念交融、科学技术高速发展的道路上，值得设计师深刻思考的课题。在当代设计中对中国传统元素相应的手法借鉴，并与现代化科学技术相结合，建立具有中国特色的现代化设计创新运用模式。

在延续中国文化的同时汲取外来优秀文化滋养，为室内装饰设计提供了实践的平台。如果想调动室内空间的中国传统文化气氛，应当从含有中国传统元素的室内装饰物品入手。室内空间装饰品的选用是来自对中国传统美学艺术的理解，要将具有中国传统元素的陈设品融入整体视觉环境，不仅散发传统文化的美感，也兼具调整空间功用的力量，使整个空间的文化氛围浓郁。

1. 中国传统装饰元素在现代室内空间的继承

室内装饰是给室内空间增添文化气氛的一个重要构成元素。室内装饰设计是针对室内空间的形状大小、使用者的功能需求及内涵品位结合经济状况，从整体上对室内陈设品的统筹。对装饰品的陈设是对室内设计的一个重要构成手段，其侧重于用美学指导家具及装饰艺术品的摆放。当代定义室内陈设的术语为"软装"，软装可以理解为室内的后期配饰，是对室内空间内容的设计塑造，如家具、艺术装饰品、花艺绿植、灯饰等都是构成室内陈设的内容。

受儒家伦理道德影响下的传统文化注重"中正"之美，从传统建筑的中轴对称平面布局方式，到室内空间的左右厢房的位置序列，无不显示出传统美学下对称观念的重要地位。这种意识形态受封建礼制的等级观念影响，但不可否认，这种平衡状态也是视觉美感的需要。在现代室内设计空间里，室内陈设并不是绝对的对称布局，而是相对均衡的秩序感。室内单个装饰元素的布置和摆放要符合整体构图；多个装饰元素要相互间比例协调，在空间排列方式要满足主次得当、相互关联、排布有序的关系，形成空间的层次感。在统一的大空间里创造小范围的对比，活跃室内空间的气氛。

2. 中国传统装饰元素在当代室内设计中的应用模式

当代室内设计在现代主义的"少即是多"审美观的指导下，参照传统室内环境的模式，空间造型上以简单的几何形体为基础，重点关注体量关系、比例协调等要素，以构件的质地和自身颜色为装饰，抛弃繁多的琐碎装饰。中国传统元素在世界工艺美术史上具有鲜明且独特的艺术特点。从中国传统文化中提炼出来的传统元素种类丰富、题材多样、寓意广泛，是历史留给后人的艺术文化珍宝。在当代室内设计中，常常使用传统元素作为装点，营造室内中式空间风格。对于传统元素的运用，不应仅仅在符号元素的简单拼凑上，要领悟其中蕴含的传统文化，并做满足现代生活功能需要的创新，让其中融入的中华民族精神迸发出来，与时代发展相融合；要归纳传统元素应用的设计手法，总结传统元素可持续的创新模式，使中华民族传统文化在现代室内设计中继承与弘扬。

（1）传统元素纹样借鉴

中国历史积淀下来的传统纹样蕴含独特的民族风俗特征、广博的地域特性和历史文化性等众多艺术价值，重视图案的完整性、传意性和装饰性美感，讲求形体之间相互的呼应、衔接和组合。传统纹样来自对宇宙自然、皇权宗教的崇敬，经由时代的变迁，表达盼望如意、吉祥等积极的象征意义。设计师只有了解传统纹样的内涵，才能在对传统纹样创新时准确运用。

中国传统纹样图案随着历史长河流到今天，演变为中华民族传统文化的象征性标志，构成具有艺术美学和文化内涵价值的装饰元素。题材通常以人像、动植物、场景、意象符号等象征性图案，并且多具有指向内涵和吉祥寓意："蝠"与"福"两个字同音，蝙蝠可寓有福；"鱼"与"余"两个字同音，鱼形图案的绘制可寓"年年有余"。精美的传统装饰图案是中华民族深厚气质的再现。

民族传统纹样图案是民族文化的提炼和外露，其经历不同历史朝代人文及精神的约束，用复杂的具象纹饰图案呈现。但在当今社会，部分琐碎庞杂的装饰纹样，已经不符合当代人们简约的欣赏情趣。因此，传统图案在当代室内装饰设计中应用时，需要对其进行适当的变化调整，提炼纹样图案并整合造型体量，力求简洁明快，适合当代生活的快节奏。

窗格，在传统木结构建筑框架中又称之为"窗棂"（图3-5）。形式多样的窗格是传统建筑花窗装饰的重要组成元素，是建筑立面形式美的主要构成。精美窗格的装饰纹样就是通过木雕技艺对传统纹样取材。所以一个个精美的窗棂不仅是中国传统审美的展现，更蕴含了中华民族的深厚文化底蕴。在现代室内环境中，精巧美观的窗格不再仅仅作为建筑外立面对于窗子的美化，它早已走入大众的室内空间，类似隔断同等功用，在空间分隔效果上，贡献自己的力量。

图3-5　传统窗棂

（2）传统元素概括提炼

中国传统元素在功能性和艺术性的摩擦融合中，显露的是广博深厚的中华民族文明高度与文化积淀。传统室内装饰构件表现出结构严密、线型流畅、做工精良、选材讲究、造型雅致、比例舒服、尺寸合理等特征。归纳与

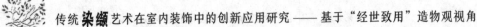

提炼是当代设计中对传统装饰纹样运用的最根本变换手段。概括提炼是对传统纹样简化，是对其中蕴含的艺术文化提取升华。将烦冗的元素进行总结归纳与提炼升华，建立于把握神韵和理解其蕴含的基础上，删减琐碎的局部，突显传统装饰的整体特征，使传统纹样更为简洁大方，保持原有纹样的装饰艺术美。

（3）传统元素解构重组

从传统装饰元素中概括提炼出"形"的元素，结合现代图形中分割、交错、变换、重组、整合等构成手法，将传统元素中的"形"不断降解、转换，最后将重新构成的图形融入现代设计创作中，在鲜明的现代感的外形下，兼具传统文化的神韵。

对传统元素的解构手法在现代的家具设计上运用广泛。把传统元素解构，以保证传统元素纹样的特征为根本前提，根据当代的欣赏美学做恰当的简洁化，变换后再依照创新概念从新整合。传统圈椅、官帽椅的经典样式常被用作模板参照，将其造型元素做形态的创意分解，再与当代椅子形式相整合，创造出结合传统元素式样的现代作品。吴孝儒创作的"圈凳"，从中国传统装饰中获得设计灵感，将复杂烦琐的造型进行简化重组，结合两种经典饰样的特色对比：将明代圈椅扶手流畅优雅的线条与现代塑料板凳的率直简约合为一体，结合精细的漆艺与简洁座具的混搭设计。使作品拥有中国特有的传统神韵，同时具备现代家具的简约调性；在符合工业化生产制作条件的同时，又契合现代人追求简洁与便捷的生活理念，从而体现古为今用的创意构思。

3. 中国传统装饰元素在现代室内设计中的创新模式

早在中华人民共和国成立初期，梁思成就对新中式风格提出了"'中而新'是上品，'西而新'以次之，'中而古'再次，'西而古'是下品之下。"①而何为"中而新"是现代中式设计的关注点，"中而新"应该是具有中国地域特征、满足中华民族传统文化的当代设计作品。

中国人对于中式风格的归属感，来源于骨子里与生俱来的地域情怀。在当代社会中的室内设计立足点是"以人文本"，一个优秀的室内环境的

---

① 陈谋德. "中而新"、"新而中"辨——关于我国建筑创作方向的探讨[J]. 建筑学报，1994（3）：7.

营造要通过生理需要和心理需求共同作用，室内设计手段也要满足现代社会的功能性、科学性、文化性、艺术性、创新性等众多原则。以"中而新"为思想指导，创新民族传统装饰元素的应用实践为途径，可以有效建构当代室内的中式设计风格。通过传统元素在当代室内设计中的美学思想传播，利用现代科技技术的推波助澜，创造出满足现代人生活需要的"中国特色"空间意境。

（1）传统元素创新模式——言简意赅

中国传统装饰元素是传统美学的一个切入点，它由悠久的中华文明所孕育，久经历史长河的洗礼，受到西方文化的冲击，不仅没有被磨灭，反而吸引了全世界的目光。以探索中华民族传统文化为基础；对传统审美价值理念深入学习领悟；对形态、装饰、尺寸、功用等的研究再设计，并用于现代科学技术重新阐释，赋予传统装饰元素的新生命。中国经典的装饰元素也被外国设计师所青睐，创造出举世闻名的设计作品。中国传统家具造型简约、结构精简，在现代家具设计的应用上起到了指引的作用。

西方设计师汉斯·瓦格纳（Hans Wegner）现代家具的创作原型就源自中国明代家具形式（图3-6）。他对中国传统工艺、选材用料、结构比例等方面进行深入的分析，将典雅与精巧和谐地融进自己的作品中。汉斯·瓦格纳把握了中国圈椅的精神实质，比如明快的几何形体和简约的精简化设计、高品质的手工技法、集中的装饰原则和优雅的线性等，鉴于形态、功用上的统筹考究，汉斯·瓦格纳将实木构建加以精细的曲折流线。在汉斯·瓦格纳的深入揣摩下创作的新式座椅得到世界的认可，这对中国传统家具元素的延续与宣扬有着极其重要的影响。

图3-6　汉斯·瓦格纳椅子

（2）传统元素创新模式——质变形存

质感是材料外观给人的内心感受反馈，是材质组织构造的外在展现形式。中国传统美学思想中的"崇尚自然",所以在材料上,体现在对木材使用;创造出各种各样挺拔的形式美、雅致的色彩美和润泽的质地美等众多室内装饰元素。随着当代科学不断发展,工艺技术日趋先进,也创造出丰富多样的新材料,室内装饰材料不仅可以选择木材、石材,还有金属、塑料、钢化玻璃等新材料也被纳入室内装饰材料的行列之中可供选择。将传统室内设计装饰元素选用新材料和新技术工艺来表达,在室内设计中不失民族韵味,同时展现当代特有的时代性。

从中国传统的明式禅椅和西方设计师马歇·布劳耶(Marcel Breuer)的瓦西里椅样式对比来看,不难发现这对坐具的样式特征基本相同。不同点在于对材质的选择上:禅椅用木材和编藤为料,瓦西里椅则使用金属管材和织布构成,但两者都以极少的材料、简约的几何形体架构而成,这对椅子的组织框架不管是在形态、比例及嶙峋的感官都近似(图3-7)。座椅减少零碎的装饰元素,依照线性与平面所围合而成的体量来探索,通过简洁的几何形状及其构建出来的空间感,追求座椅视觉上的整体美感。

图3-7 禅椅与瓦里西椅对比图

在选材上现代家具不同于传统家具,通过对现代科技创造出的塑料材料的选用上,其特点在于材质上的可塑性、配色上的着色性,使现在家具在工业生产中易于加工、生活使用上有更丰富的色彩,使得现代家居空间色彩活跃。明式圈椅半弧形的靠背成为中国传统家具的特色元素,西方设计师菲利普·斯达克(Philippe Stack)设计创作的明椅将传统圈椅的靠背元素提炼出来,选用塑料材质制作(图3-8),加以黑、白、中国红不同色彩搭配,使传统元素以崭新面貌呈现在现代家具中,具有中国传统元素的现代塑料家具应运而生。

图3-8　菲利普·斯达克的明椅

（3）传统文化神韵传承

　　传统装饰元素的简洁雅致、大气舒展线形结构，如室内空间装饰构成中直线和曲线的对比，方和圆的对比，中轴线的对称排布，都体现出较强的几何形式美感。将传统装饰元素添加到现代室内装饰设计中，使其环境氛围简明得体且风格典雅别致，赋予室内空间极高的审美艺术价值。各式线条变化在室内装饰构件轮廓的线型上被生动地运用，简明的直线和婉转的曲线的搭配运用，理性严紧中配以优美婉约的性格表达，在两条线的相互呼应中，体现较强的节奏韵律感。中国传统美学思想中以"线"的优美形体为创作灵魂的审美特点。中国明式圈椅就是线性审美文化的生动表达，其形态元素以流线为特征，面为辅助，主次清晰的整体构成。直线刚强正直、曲线圆劲有力，上圆下方的造型美感也体现中国古代"天圆地方"的哲学思想。

　　中国传统文化作为物质文明和精神文明的双重体现，为现代室内设计提供了宝贵素材。室内设计终归是一种以人为本服务于人的行为技术，在人们对于生活环境美的需求日趋强烈的今天，如何构建出能够表达情感诉求的空间是当代室内设计师所共同面对的课题。感怀历史，追溯传统是国人普遍存在的审美情态，更何况，中华民族优秀灿烂的传统文化同样需要国人共同努力来发扬光大。中国传统文化在室内装饰设计中的运用和融合是对传统文化极具实践效果的传承。传统文化发展也需要多样形式的体现。

第四章　传统染缬艺术概述

随着经济的发展和社会的进步，人们对精神文化的追求日渐增强，传统的手工艺及其产品也越来越受到人们的重视和欢迎。染缬作为中国一项较为古老的、传统的民间印染工艺，是通过历代劳动人民用其智慧和汗水凝聚成的，在经过长年累月不断地研究与传承，又经过后世学者的创新与发展，直至今天，染缬用它独有的民族风格和独特的制作工艺，已成为一朵艳丽的奇葩，在我国各民族学习、继承和交流中起着重要的作用。

传统染缬技艺的传承主要集中在三个中心：第一个中心是西南少数民族地区；第二个中心是江南乡村地区；第三个中心是古丝绸之路沿线及周边地区。历史上，染缬艺术在秦汉时期流行开来，在隋唐时期兴盛，两宋逐渐衰落。当代染缬界还是以明清以后的蓝染为主。如今的染缬在继承原有文化和技艺的基础上，具有时代特色，符合现代审美的创意设计，才能得以在大时代下更好地传承和发展，经久不衰。

本章在梳理传统染缬艺术的历史沿革和文化特征的基础上，阐述传统染缬技艺的分类及其表现手法，剖析传统染缬技艺的生存现状，并探讨传统染缬技艺的创新应用。

一、传统染缬艺术的历史沿革与文化特征

（一）传统染缬艺术的历史沿革

1. 防染印花技法的历史沿革

古代防染印花织物以"缬"为统称，后唐马缟的《中华古今注》、宋代高承的《事物纪原》卷十引《二仪实录》就有秦开始"染缬"的记载。从"缬"本身字义来看，指的是绞缬的一种，也就是现代所说的"扎染"，如佛典《一

切经音义》云："以丝缚缯，染之，解丝成文，曰缬也。"《韵会》："颣，系也，谓系缯染成文也。"很清楚地解释了"缬"的本义。近现代对防染印花技法的研究，《中国纺织科学技术史：古代部分》"印花工艺技术"列有 8 个条目，但严格来讲没有对纺织品印花进行类型学的分类，主要原因一是分组归类方法和标准不尽统一，如有的以颜料为对象区分印花，有的以防染方法作为划分标准；二是未明确分类对象的概念和定义，造成分类混乱，如将纺织品印花类型中的"灰缬"漏掉了；三是未将纺织品印花方法全部包罗在内，导致内容遗漏。可见，该书中"印花工艺技术"一节，虽然与印花类型学有关，但并未进行专门分类研究。《中国大百科全书·纺织》"染整"节下有 8 个"印花"条目。与《中国纺织科学技术史：古代部分》比较，分类情况大致相同，即以印花方式的不同来区分各类特征相异的纺织品印花。由于《中国大百科全书·纺织》主要针对现代工业化纺织品印花，且进行的是条目式区分，不同纺织品印花之间呈平铺式，没有上位系统和子系统，因此体系不够完整，不够全面，所以像筛网印花、滚筒印花、转移印花等，虽在一些特征上与传统印花相关，但并不是严格意义上的传统印花技术。赵丰《丝绸艺术史》按照古代丝绸染缬的技法进行分类，具体分为手工染缬和型版染缬两大类，手工染缬包括手工描绘、手绘蜡缬、绞缬等，型版染缬分凸版印花和镂空版染缬（图 4-1），但有问题存在：一是手工染缬概念宽泛，机器生产出现以前都可以将染缬称为"手工染缬"，传统型版印花一般纳入手工印花范畴之内，所以将两种染缬并列分类不太合适；二是不宜将手工蜡缬与手工描绘放在分类同一层面上，两者印花原理不同，手工描绘包含手工蜡缬；三是夹缬也存在多次套印的印制方法。后在 2015 年《中国丝绸艺术史》修订版本中将古代染缬分为"直接印花"和"防染印花"（图 4-2），新调整了分类框图，新更换的分类框图与文字说明的分类法不相符。郑巨欣在此基础上按照印花纺织品的显花原理分类法将纺织品印花分为"直接印花"和"防染印花"（图 4-3），此分类方法比之前的更为科学和细致，但终究存在类型学的问题，比如拔染印花是否属于直接印花？张道一《中国印染史略》[①]曾将古代染缬分为"直

---

① 张道一. 中国印染史略 [M]. 南京：江苏美术出版社，1987：52.

接印花、防染印花、拔染印花"三种，很显然拔染印花是与其他两种并列的印花方式，所以具体分类尚需考究。另外，对于民间传统蓝印花布并没有给出划分类别。龚建培按照现代印花工艺方法将手工印染分为"直接印花、防染印花、介质印花（含拔染印花和转移印花等）"三大类（图4-4）。但"介质印花"已经超出了传统纺织品印花的范围。鉴于上，笔者认为，对于传统纺织品印花的分类分得细而烦琐，事实上品种的分类不可能这样凌乱，最终还是要考虑文化艺术方面的诸多因素，以及最后的效果和主要工艺的共同点等。

按文献记载，"防染印花有两种工艺流程：①在织物上先用防染浆印花，烘干后轧染或印上地色，然后进行后处理；②在织物上先染需经过后处理才显色的染料，再用防染浆印花，干燥后进行显色后处理。"① 从上述可以看出，学界基本上将防染印花分为"夹缬、蜡缬、绞缬、灰缬"四类，即中国传统印花"四大染缬"。

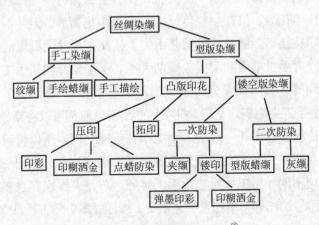

图4-1 古代染缬的种类②

---

① 中国大百科全书总编辑委员会. 中国大百科全书·纺织 [M]. 北京：中国大百科全书出版社，1998：42.

② 赵丰. 丝绸艺术史 [M]. 杭州：浙江美术学院出版社，1992：60.

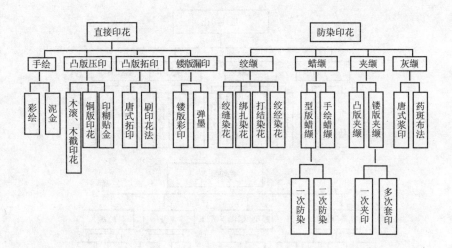

图4-2 古代染缬的种类①

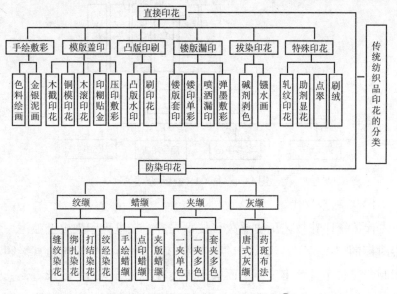

图4-3 传统纺织品印花的分类②

① 赵丰. 中国丝绸艺术史 [M]. 北京：文物出版社，2015：83.

② 郑巨欣. 中国传统纺织品印花研究 [M]. 杭州：中国美术学院出版社，2008：3.

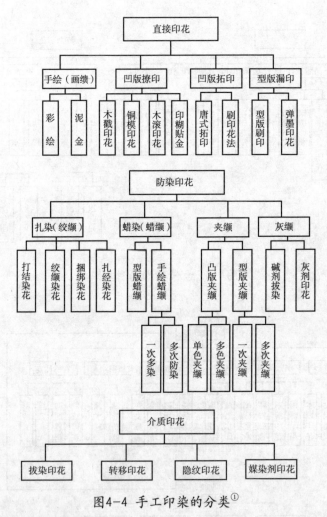

图4-4 手工印染的分类[①]

（1）春秋至汉代

古代传统印花技艺历史悠久、技术先进，在世界印染史上独树一帜。先秦时期的"画缋"、汉代的"印花敷彩"（图4-5）等均为直接印花，因印制费时费工且色牢度不高而被逐步代替。从纺织品考古来看，关于中国最早的防染印花织物有四种：一是1996年从新疆且末扎滚鲁克二期1号墓出土的春秋战国时期两件编号分别为1996QZ、IM34：35的绞缬毛织格

---

① 龚建培. 手工印染艺术设计 [M]. 重庆：西南师范大学出版社，2011：12.

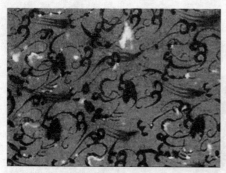

图4-5 湖南长沙马王堆一号墓
出土的印花敷彩纱
图片来源：湖南省博物馆

子平纹布（图4-6）；二是认为最早的绞缬实物为出土于甘肃敦煌马圈湾汉代遗址的断帛，赵丰及其著作《中国丝绸艺术史》曾做列举；三是认为中国最早的蜡染织物为1959年出土于新疆民丰县尼雅古代精绝国遗址的东汉晚期蜡染花布[①]（图4-7）；四是认为最早的绞缬实物为1959年在阿斯塔那305号墓也曾出土前秦建元二十年（384年）的大红绞缬绢（图4-8）。[②]

综上所述，可以肯定的是中国关于防染技法的最早记载可以追溯到春秋战国时期。另外需要说明的是，与新疆民丰县尼雅遗址"人物蓝白蜡缬棉布"一同出土的还有一件"几何纹蜡缬棉布"，主体部分是由交叉米格线组成的纹样。另据史料记载，1984年新疆和田洛浦县山普拉地区赛依瓦克汉代墓群一号墓出土的蓝印花棉布（图4-9）图案与"几何纹蜡缬棉布"有着同样的平行线、圆点纹、同心圆圈点纹、勾连纹等，印制方法虽为直接印花，但是迄今为止发现的中国最早的蓝白色印花棉布，此遗存织物为蓝白印花棉布装饰画的边饰残片，从图案观察，不是用印花型版印成花纹的，而是先用手工将花纹用防染剂画在画布上，再以蓝色染液浸染而成。因此，这也说明东汉时期染织业已相当发达，东汉蜡染织物的出现使中国传统纺织品印花工艺的主流发生改变，即由原来的颜料或色浆的直接印花向西晋以后的以蜡缬、绞缬为代表

---

① 关于织物中人物的身份说法，有的说是伊什塔尔女神，有的说是阿娜希塔，有的说是鬼子母，还有的说是阿尔道克修等，且从各方面可以断定她不是中国的神像。"但是，这位女神像却是出现在蜡染棉布上，则又进一步说明它可能是印度北部犍陀罗地区的产品，并由此得出此印花棉布是东汉时期由贵霜王朝从丝绸之路传入新疆的结论。"故此"蜡染花布"不能证明中国汉代的蜡染工艺成就，但可使中国对国外的蓝白色的蜡染有所了解，而且证明蓝白色印花从一开始就是从引进和接触、学习当时国际上最为先进的印花技术开始的，这个起步与同时期其他艺术相比绝不逊色。参阅郑巨欣. 中国传统纺织品印花研究 [M]. 杭州：中国美术学院出版社，2008：245.

② 王孖. 中国古代绞缬工艺 [J]. 考古与文物，1986（1）：83.

的防染印花转换。

图4-6 新疆且末扎滚鲁克二期1号　图4-7 东汉晚期人物纹蜡染棉布①
墓出土的绞缬毛织格子平纹布②

图4-8 新疆吐鲁番阿斯塔那305号墓出土的大红绞缬绢③

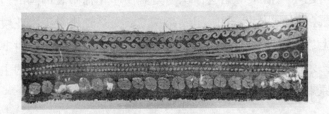

图4-9 新疆和田洛浦县山普拉地区赛依瓦克汉代墓群
一号墓出土的东汉"蓝印花棉布"④

---

① 赵丰，屈志仁. 中国丝绸艺术 [M]. 北京：外文出版社，2012：5.

② 郑巨欣. 中国传统纺织品印花研究 [M]. 杭州：中国美术学院出版社，2008：129.

③ 郑巨欣. 中国传统纺织品印花研究 [M]. 杭州：中国美术学院出版社，2008：138.

④ 中国织绣服饰全集编辑委员会. 中国织绣服饰全集·织染卷 [M]. 天津：天津人民美术出版社，2004：83.

（2）魏晋南北朝时期

魏晋南北朝时期，各地的纺织品品种已经很齐全，印花方法也有很多。新疆吐鲁番阿斯塔那古墓群出土了很多东晋的印染品，如西凉时期蓝底七瓣白色小团花和直排圆点构成的蜡染绢[①]（图4-10），新疆于田屋于来克古城北朝遗址出土的北朝蓝底白花毛布残片（图4-11）、红色绞缬绢、蓝色印花和蜡染棉织品，北朝时期出现的镂空花版（图4-12），以及敦煌石窟中遗存的很多染缬实物，从以上及《二仪实录》"陈梁间贵贱通服之"的记载来看，南北朝时期染缬已广泛用于服饰。但此时印染织物比较简单，工艺制造也不算是特别精美，说明印染工艺和技法尚处在初级阶段。

图4-10 新疆吐鲁番阿斯塔那古墓出土的西凉时期的蜡染绢[②]

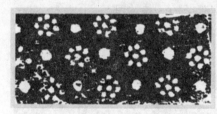

图4-11 新疆于田屋于来克古城北朝遗址曾出土蓝底白花毛布残片[④]

图4-12 镂空夹缬花版[③]

（3）隋唐时期

隋唐时期，防染印花技术娴熟，其中最为普遍的是绞缬（扎染）、蜡缬（蜡染）与夹缬（夹板印染）。皇后衣裳中有"缯彩如撮染，成花鸟之状"

---

① 该新疆吐鲁番出土蜡缬绢，采用的是点蜡法。织物为主蓝色地，其上排列着许多由小白点交叉组成的菱格纹，菱格的中间又分别填置圆点组成的七瓣朵花，尽管图案是由相等的白点构成，却不显单调，相反更带有活泼的层次感，这件蜡缬绢也是迄今所知最早的一件蜡染作品。

② 吴元新，吴灵姝. 刮浆印染之魂：中国蓝印花布 [M]. 哈尔滨：黑龙江人民出版社，2011：10.

③ 同②.

④ 同②.

的染缬制品,张萱的《捣练图》(图4-13)和周昉的《簪花仕女图》(图4-14)等也可以看到贵妇所用的"醉眼缬""鹿胎缬""海棠""蝴蝶""水仙缬"。"妇人衣青碧缬,平头小花草履",平民妇女喜欢的"青碧缬"也曾经风行一时,甚至连军中士兵制服、和尚穿的"山水衲缬"袈裟、富裕人家用的屏风、幢幔等,多用染缬制备。元代《碎金》一书中,记载了9种染缬名目,即檀缬、蜀缬、撮缬、锦缬、茧儿缬、浆水缬、三套缬、哲缬、鹿胎斑。此外还有鱼子缬、玛瑙缬、团宫缬。这些品种实际上在唐代已经有了,白居易有诗云"带缬紫葡萄"(《和〈梦游春〉》)、"山石榴花染舞裙"(《卢侍御小妓乞诗,座上留赠》)说明了当时的染缬品种繁多。

图4-13 (唐)张萱的《捣练图》
图片来源:美国波士顿博物馆

图4-14 (唐)周昉的《簪花仕女图》
图片来源:辽宁省博物馆

(4)宋代

到了宋代,国力衰退,宫廷自奉节俭,夹缬常用作宫室日常服饰。《宋史·舆服志》载政和二年(1112年)诏令:"后苑造缬帛,盖自元丰初置为行军之号,又为卫士之衣,以辨奸诈,遂禁止民间打造,令开封府申严其禁,客旅不许兴贩缬板。"此时染缬工艺受到重创,彩色染缬在中原地区逐渐衰退，民间染缬趋于单色，这一时期用石灰豆浆做防染剂的"药斑布"也就是后来的蓝印花布问世。《古今图书集成·职方典》中关于蓝印花布的记载，正是染缬工艺在民间的禁用才促使南宋时期出现了用桐油纸雕刻花版，由黄豆粉加石灰、米糠等做防染浆料的新的制作技艺，这使得蓝印花布业有了生机，促进其迅速发展。

（5）明清时期

清末时期，各种技艺开始走向了成熟，其中绞缬、蜡染、蓝印花布已经得到了完全普及。在这个时期得到发展的还有五彩夹缬、镂空版蜡缬等技法。"药斑布"发展到明清时期又名"浇花布"，明清时期棉布纺织和印染已普及全国。因工艺简便、成本低廉，用黄豆粉、石灰做防染浆染制蓝印花布的技艺迅速遍及大江南北并影响到全国，当前仍有部分遗存实物存在（图4-15）。随后浙、鲁、晋、湘、鄂、皖等多个省份开设了蓝印花布作坊。"鸦片战争后，蓝印花布的著名产地，有浙江嘉兴、江西宜春、湖南常德、湖北天门等，到近代蓝印花版主要是纸制的为主，主要集中于云南大理、江苏南通等地域。"[①] 特别是在民国时期，蓝印花布这种普通的纺织品在日常生活中广为使用，很多应用于服装设计，展现当时的流行时尚，（图4-16）民国时期的蓝印花布旗袍，庄重大气，不失大雅风范。

图4-15　清朝时期蓝印花布包裹布　　图4-16　民国时期蓝印花布旗袍
以上两图图片来源：上海黄道婆纪念馆

---

① 王焕杰. 传统印染工艺在现代纺织品设计中的应用研究 [D]. 北京：北京服装学院，2008.

（6）近现代

到了近现代，传统手工印染已被机器印染所取代，现代工艺是古代印染的继续和发展。例如：丝网印花脱胎于型版印花，刻花滚筒正是木刻凸版的现代化和机械化；蓝印花布防染印花正是在蜡缬、夹缬等型版防染技艺基础上不断发展和完善的工艺，这需要我们继续研究并加以传承。

（7）中华人民共和国成立后

在中华人民共和国成立之后，随着经济的发展，全国各地以个体性质进行了小面积的织物染色工艺，民间的染缬技法也有了更好的发展。染缬的纹样也开始增多，染缬的方式与技法也有了新的变化，人们绞缬得"小蝴蝶"的传统纹样，也叫"狗脚迹""雪踏梅花"和其他的一些纹样，其中包含了染缬工艺技法的韵味，很大程度上提高了人们的生活，在当时小孩子穿的衣服就是运用这些染缬花纹进行装饰的，很大程度上使孩子对花色衣服的需要得到了满足，与此同时，也使传统的染缬工艺在技法和生活方面都得到了传承与发展。

综上所述，我国的印染工艺仅仅从纺织品的印花算起已有2100多年的历史，如果将文献记载中染色和画缋一段加上去，它的年代，还会大大向前推。"日常用品与艺术的结合，是工艺美术的一个主要特点。纺织品通过印染而美化，就必须将装饰和工艺紧密地结合起来。印染在历史上所走过的历程，也说明了这一点。"①

2. 印花型版的发展变革

传统意义上的版印是按设计的花纹图案制作的型版，在上面涂刷色浆，然后按位置在布帛上印制出花纹图案，因为是用事先刻制的型版显花，故称为"型版印花法"。陈维稷《中国纺织科学技术史：古代部分》记载："印花型版的型式，有凸纹版和镂空版两种。用凸纹版的，俗称木版印花；用镂空版印制织物的工艺之一，我国古代称为'夹缬'。"②田自秉、吴淑生著《中国染织史》进一步证实："凸版印花技术在春秋战国时代得到发展，到西汉时已有相当高的水平。"因此，型版起源于先秦，延续至明清时期。古代最早的服饰纹样应该是用染料简单手绘而成的即所谓的"画缋之事"，

① 张道一. 中国印染史略 [M]. 南京：江苏美术出版社，1987：51.

② 陈维稷. 中国纺织科学技术史：古代部分 [M]. 北京：科学出版社，1984：269.

到了春秋战国时期，由于染料颜色的增加、复制纹样的增多、雕刻技术的发展，雕版印花和镂空型版印花逐渐替代手工上色，由此使用型版印花的技术获得改进和发展。

图4-17　江西贵溪崖墓出土的印花布图①

我国最早的型版印花实物在江西贵溪的战国岩墓船棺内发现，具有敷彩画绘的风貌。据《江西贵溪崖墓发掘简报》载，在1979年清理的江西省贵溪鱼塘崖墓中发现了一些丝、麻织物，有几块苎麻布上印有银白色花纹（图4-17），是中国已知最早的印花布；同时还出土了两块刮浆板（图4-18），刮浆板为平面长方形（25厘米×20厘米），版薄，柄短，断面为楔形，这是迄今世界上发现的最早的型版印刷文物。《中华印刷通史》在此基础上进一步记录，"1978—1979年间，考古工作者在江西省贵溪县渔塘公社仙岩一带的春秋战国时期的崖墓群中，发掘出200余件文物，其中有几块印有银白色花纹的深棕色苎麻布，就是用漏版印的。"但后据《贵溪崖墓所反映的武夷山地区古越族的族俗及文化特征》一文中说："春秋战国时期，人们对于服饰的图案色彩也有一定的要求。印花的程序大致是织物经过煮炼、染色之后，即行整理熨平，再铺贴于平滑坚实又略有弹性的垫板上，然后用型版印花。"② 此文作者刘诗中后来又补充说："贵溪印花布非镂空印花。"所以，这里的"型版印花"应是指凸纹木模版印花而言，而《中华印刷通史》在印花型式定位上认为漏版印制是需要考究的。关于探讨型版的起源问题，笔者认为应将文献和文物相结合，并以此作为双重依据才能做出更准确的判断，从目前已经出土的文物和文献资料看，春秋战国时期已经具备较高水平的染色和印花工艺，型版印花技术已经具备相

---

①　程应林，刘诗中. 江西贵溪崖墓发掘简报 [J]. 文物，1980（11）：25.

②　刘诗中，许智范，程应林. 贵溪崖墓所反映的武夷山地区古越族的族俗及文化特征 [J]. 江西历史文物，1980（4）：26-31.

应实物存在条件。当前对型版起源虽多引用《江西贵溪崖墓发掘简报》[①]资料，且诸多文献将深棕色苎麻布作为最早发现的印花布，但有学者持否定态度，认为花纹散乱呈无规律分布，很难作为型版印花技术的实物依据[②]。《中国纺织科学技术史：古代部分》指出：尽管无法判断采用的型版和印制工艺，但同墓出土的两块刮浆板，不仅证实了《周礼》和《论语》中关于画绘和白色染料的记载是可靠的，也证实了"当时确已开始采用浆料，在春秋战国之交，印花工艺已正式在生产中出现。"尽管这块散花纹麻织物能不能作为印花技术存在的实物依据尚有待最终确定，但刮浆板的存在却让人难以否定春秋战国时期有印花工艺存在的可能性。另外，根据相关时期出土的文物。例如：东周时期的浅黄色褐（图4-19），褐为浅黄色，经疏纬密，织物表面呈凸起的纬畦纹，制作精细，色彩淡雅；再如山西绛县横水西周墓地出土的西周荒帷（图4-20），虽质地为带刺绣的丝织品，但荒帷整体呈红色，为朱砂染色，且图案以凤鸟为装饰主题，甚为美观；另外，1949年长沙陈家大山楚墓出土的帛画《龙凤仕女图》（图4-21），以及1973年长沙子弹库楚墓出土的帛画《人物御龙图》（图2-22），两者虽为帛画，但画缋涂色相对于采用多次印染法的染色更易使色彩得到严格的控制。基于此，笔者认为春秋战国时期画缋及印花已经具有较高水平，印花工艺存在极大可能性。

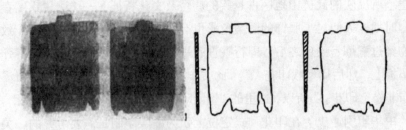

4-18 江西贵溪崖墓出土的刮浆板[③]

---

① 程应林, 刘诗中. 江西贵溪崖墓发掘简报 [J]. 文物, 1980（11'）：34.

② 文中认为白色斑纹可能为垫尸时受碱性物质所蚀或在麻布精炼过程中留下的痕迹。参阅郑巨欣. 中国传统纺织品印花研究 [M]. 杭州：中国美术学院出版社, 2008：126.

③ 陈维稷. 中国纺织科学技术史：古代部分 [M]. 北京：科学出版社, 1984：269.

图4-19 东周浅黄色褐①

图4-20 山西绛县横水西周
墓地出土的西周荒帷②

图4-21 长沙陈家大山楚墓出土
的《龙凤仕女图》帛画③

图4-22 长沙子弹库楚墓出土
的《人物御龙图》帛画④

　　秦汉时期的型版印花可分为凸纹（阳纹）版和镂空（阴文）版两大类。所谓"凸版印花"也称"模版印花"或"木版印花"，即在木板等模具上刻好花纹图案，然后蘸取色浆以押印的方式把花纹印在织物上的一种古老的印花方法。它就像盖图章一样，一个个地押印，使织物表面出现花纹图案。湖南长沙马王堆汉墓出土的泥金银色印花纱（图4-23），就是至今发

① 中国织绣服饰全集编辑委员会. 中国织绣服饰全集·织染卷 [M]. 天津：天津人民美术出版社，2004：8.

② 宋建忠. 山西绛县横水西周墓发掘简报 [J]. 文物，2006（8）：5.

③ 张晓霞. 中国古代染织纹样史 [M]. 北京：北京大学出版社，2016（9）：28.

④ 同③.

图4-23 湖南长沙马王堆汉墓
出土的泥金银色印花纱
图片来源：湖南省博物馆

现的最早的凸纹版印花织物。它是三套色凸纹版印花，花版有三块，第一块是卷草曲线网架纹，第二块是曲线组成的兽面纹，第三块是金色小圆点纹。从这件印花纱的实物分析，线条纹较密，线条与点之间相距不到1毫米，但线条仍然光洁挺拔，工艺精巧，色浆细腻而醇厚，有良好的覆盖性能。此外，"甘肃武威磨咀子汉代（公元前206年—公元220年）墓葬中出土的一种套色印花绢，绢的底色为绛色，共套印了三套版分别为暗绿色的花纹，小卷涡状的白色花纹，花纹整体表现为卷云状，与汉代织锦中的图案风格一致，显然为型版印制而成。"[1] 新疆吐鲁番阿斯塔那在中华人民共和国成立前曾出土北朝时期的"铺首花草纹印花绢"（图4-24），它分别用黄、红、赭、蓝四色型版套印而成，纹样四边为菱形几何边饰，中间是散布的朵花簇拥着一个正面的狗头，图形套色结构比较复杂。色彩鲜丽明快。[2] 从黄能馥的复原原因上判断，图中很可能已经运用了两色相叠产生第三色的技术。

图4-24 铺首花草纹印花绢纹样复原图[3]
（黄能馥复原），斯坦因从新疆吐鲁番发现

---

① 甘肃省博物馆. 武威磨咀子三座汉墓发掘简报 [J]. 文物, 1972（12）：45.
② 黄能馥, 陈娟娟. 中国丝绸科技艺术七千年 [M]. 北京：中国纺织出版社, 2002：94.
③ 黄能馥, 陈娟娟. 中国丝绸科技艺术七千年 [M]. 北京：中国纺织出版社, 2002：12.

镂空模版印花最早见于长沙马王堆汉墓出土的印花纱[①]。该墓出土的"金银色印花纱"（图4-25）、"印花敷采纱"和湖北江陵马山一号楚墓"龙凤虎纹绣罗"（局部）（图4-26）出现了用小幅镂空花版漏印的银灰色藤蔓底纹，说明当时已经出现了用镂空版套印丝织品的技术。

图4-25 湖南长沙马王堆一号墓
出土的"金银色印花纱"
图片来源：湖南省博物馆

图4-26 湖北江陵马山一号楚墓
龙凤虎纹绣罗（局部）
图片来源：荆州博物馆

隋唐的印染业相当发达，包括夹缬、蜡缬、绞缬在内的服饰已达最盛时期，创新的型版已经向多色套染[②]方面发展。隋唐时期留传下来的印染文献和实物也较多，甘肃敦煌出土的唐代"朵花团窠对鹿纹夹缬绢"（图2-27）是对战国和汉代以后隐没了的凸版印花技术的再现。古代型版浆防染技法也被称为"灰缬"，因唐代在印花时多使用草木灰、蛎灰等碱灰做防染物，且主要利用镂空板或薄型的夹缬板将灰浆印在织物上，然后进行染色，新疆吐鲁番出土的绛色柿蒂纹印花纱（图4-28）是灰缬精品。夹缬产生有其以下原因。一是蜡染从秦汉时由西南少数民族传入中原，因中原蜂蜡较少，由碱灰替代蜂蜡可以减少人工辛劳，唐人顾况在《采蜡一章》中说："采蜡，

---

① 当前也有学者认为湖南长沙马王堆汉墓出土的印花敷彩纱和金银色印花纱是我国发现的最早的凸版印花作品，前者以凸版印花与绘画结合，后者用三块凸版分三步套印，技术娴熟，水平很高。参阅王冠英. 中国古代民间工艺 [EB/OL]. http：//www.zhlzw.com/ls/wh008/6.html.

② 套染即用几种含不同色素的染料分先后两次进行浸染，从而染得由这几种色素调配而成的色彩；两种不同纤维混纺或交织的织物，用两种不同性能的染料分两次染色称"套印"。参考吴山. 中国历代服装、染织、刺绣辞典 [M]. 南京：江苏美术出版社，2011：373.

怨奢也。荒岩之间，有以纩蒙其身。腰藤造险，及有群蜂肆毒，哀呼不应，则上舍藤而下沈壑。"二是从汉代起的镂空色浆印花为型版浆防染技印花和刮浆技术奠定了重要基础。型版浆防染印花最初使用在丝绸织物上，目前发现的实物有1968年新疆吐鲁番阿斯塔那北区108号墓出土的唐代的"黄色朵花印花纱"（图4-29）、"绛红地朵花漏版防染印花纱"（图4-30），以及"茶黄色套色印花绢"（图4-31）、"绛地花鸟纹花绢"（图4-32）等。

图4-28 新疆吐鲁番阿斯塔那出土
的"绛色柿蒂纹印花纱"
图片来源：新疆维吾尔自治区博物馆

图4-27 唐代出土的
"朵花团窠对鹿纹夹缬绢"
图片来源：英国伦敦大英博物馆

图4-29 唐代"黄色朵花印花纱"
图片来源：新疆维吾尔自治区博物馆

　　宋初仍沿用唐制，朝廷规定用特定夹缬，禁止民间用缬帛和贩卖缬版，阻碍了缬类技术的发展。印花版最初是用木料雕成，直至桐油纸刻花工艺出现，南宋对染缬才解禁，印染技法和材料也有了发展，同时在棉麻布上印花得到普及，凸纹木模版印花的方法留传至后世。《丹铅总录》中有："元时，染工有夹缬之名，别有檀缬、蜀缬诸铝。"在印染工艺上，由木刻凸版捺印发展到薄板镂花漏印，可说是一大发明，而由薄木板雕镂改为油纸或皮革刻板，也是很大的改进。①

图4-30 唐代"绛红地朵花漏版
防染印花纱"及纹样复原图①

图4-31 唐代"茶黄色套色印花
绢"及纹样复原图②

　　明清的漏版制作更为精巧。南京博物院藏有江苏无锡大墙门出土的两种用纸型版印制的明代镂空型版彩色印花织物。一种是在黄色织物上印金，纹样为四方连续的缠枝莲，与同时代的锦缎纹样很相似，只是纹样各部分多有间断，显然是受印花型版镂刻工艺的限制所致。另一种是深褐地印金花，纹样为飞鸟与云朵间隔排列的边饰，形象的各部分也是间断的，显现出镂空型版漏印的特征。④《木棉谱》有"清代漏版印花工艺已分为刷印花和刮印花两种"的记载。《御制耕织诗图》（图4-33）用图诗的形式记载了染色工艺。《长州府志》载："以灰粉掺矾涂作花样，然后随

图4-32 新疆吐鲁番阿斯塔那出土
的唐代"绛地花鸟纹花绢"
图片来源：新疆维吾尔自治区博物馆

① 张道一. 中国印染史略 [M]. 南京：江苏美术出版社，1987：38.

② 龚建培. 手工印染艺术设计 [M]. 重庆：西南师范大学出版社，2011：69.

③ 同②。

④ 张道一. 中国印染史略 [M]. 南京：江苏美术出版社，1987：42.

作者意图加染颜色，晒干后刮去灰粉，则白色花样浮现，称之为'刮印花'。或用木板刻花卉人物鸟兽等形，蒙于布上，用各种染色搓抹处理后，华彩如绘，称之为'刷印法'。"这种"刮印花"和"刷印花"，不仅能印染各种单色的花布，而且能套印出五彩的花布，尤其是在雕版工

图4-33 康熙雍正御制耕织诗图（染色）①

艺中虽刻花版费工费时且容易变形，颜色容易渗透，木版使用起来相当笨重，但同时在用单面花版印制的拓印（图4-34）、捺印及镂空木版漏印的基础上逐渐形成多版的夹缬印染，促进了印花技术的发展。广西瑶族还生产一种蜡染布，即"瑶斑布"。②

据宋代周去非《岭外代答》记载："人以染蓝布为斑，其纹极细。其法以木板二片，镂成细花，用以夹布，而熔蜡灌于镂中，而后乃释板取布，投诸蓝中，布即受蓝，则煮布以去其蜡，故能变成极细斑布，灿然可观。"③这种印染方法，工艺原理与蓝印花布基本相同，而设计思路是一脉相承的，这是夹缬雕版和蜡防染技法的综合应用。

① 焦秉贞. 康熙雍正御制耕织诗图 [M]. 合肥：安徽人民出版社，2013：151.

② "瑶斑布"与"药斑布"是否相同？首先两者属于不同的技术工艺；其次有些人认为蓝印花布工艺可能是由"瑶斑布"发展而来，或者认为"瑶斑布"就是"药斑布"，但这是一种错误的理解，原因在于"瑶斑布"与"药斑布"读音相近，且古代"瑶斑布"有多种写法，如"瑶"字宋代写为"猺"，"猺"同"傜"，所以致误的可能性较大。具体参阅刘月蕊，鲍小龙. 蓝印花布相关工艺关系的研究 [J]. 民族艺术研究，2013（8）：121-124.

③ 周去非. 岭外代答校注 [M]. 杨武泉，校注. 北京：中华书局，1999：422.

图4-34 拓印版①

"印制蓝印花布纹样采用的是镂空印花的工艺，它先在纸上镂刻图案，形成花版，然后再将染料漏印到织物上。用镂刻纸板印刷的花形，其显著特点是线条首尾不相连，有明显缺口。"② 中国工艺美术大师吴元新将蓝印花布印花型版概括分为镂空木质花版、凹凸花版和纸型花版三种。印花型版最初大多为几何纹样，后发展为植物花卉、动物及人物造型，南宋时期纸刻花版逐渐取代了木制的花版；清代出现了专门从事刻板的手工作坊和民间艺人③，由此推动了纸版型染的发展。关于蓝印花布的纹样，除自身发展外，民间艺人还大胆吸收其他传统艺术图案，丰富"药斑布"纹样内涵。与此同时，"随着宋代油制伞业的发展，用桐油纸来刻花版（图4-35），省工省时效果好，上油后花版耐水、耐刮性更强，使用寿命长，其花纹表现更丰富，刻板漏浆工艺也更趋于成熟。"④ 近现代，湖南、湖北、山东、江苏等地蓝印花布一直是人们服饰和床上用品的主要材料，虽在晚晴西洋花布输入中国后产量有所减少但并未完全沉寂。天门蓝印花布同样遵循蓝印花布的发展规律，目前能见到的主要以纸型花版为主。

① 吴元新，吴灵姝. 刮浆印染之魂：中国蓝印花布 [M]. 哈尔滨：黑龙江人民出版社，2011：8.

② 童芸. 中国染织 [M]. 合肥：黄山书社，2012：72.

③ 清末刻板行业相对比较发达，著名雕版艺人李光星曾将自己刻制的花版远销临近各省市。当时人们曾将这种只印花不染色，挑着担子走街串巷流动印花的商贩叫"秃印作"。

④ 吴元新，吴灵姝. 刮浆印染之魂：中国蓝印花布 [M]. 哈尔滨：黑龙江人民出版社，2011：8.

图4-35 桐油纸版①

（二）传统染缬艺术的文化特征

"文化是人类生活的反映、活动的记录和历史的积淀，它是人类认识自然和思考自身的观念性生成智慧。"② 传统染缬技艺所反映的民族文化承载着特定地域环境人民自身调适生存环境的需要、理想和愿望，是对客观世界理解的一种独特的文化生成方式。只有充分认识与理解传统染缬技艺的文化特征，才能还原与破译民族艺术的文化本质和表现特质。

1. 传统染缬技艺是劳动生产文化的本体

艺术源于劳动，实用先于审美。只有实用，然后才能上升到欣赏。郭沫若《青铜时代》中有"铸器之意本在服用，其或施以文镂，巧其形制，以求美观。在作器者庸或于潜意识之下，自发挥其爱美之本能，然其究极仍不外有便于实用也。"③ 我国的印花技艺历史悠久，诸多优秀印染织物作品是劳动人民辛勤劳作的结晶。从古代"画缋"到"印花敷彩"到近代印染，印花技术日臻细致纯熟。传统染缬技艺已有了一套严谨细致的印制工艺。以天门蓝印花布为例，首先，依次通过裱纸、画样、替版、刻花版、上桐油制作出刻有精美纹饰的印花纸板。其次给坯布刮浆，刮得要快，力度适中，才能塑造出边缘完整清晰的花形。待浆干燥，经过 6~8 次反复染色、出缸氧化便染好了。最后经过固色、刮灰、清洗、晾晒，便可出厂投入服饰、被面等生活用品的生产。蓝印花布这种独特的技术工艺和巧妙的艺术处理使人感到此种作品似一股暖流、一阵春风、一首抒情的诗。

① 吴元新，吴灵姝. 刮浆印染之魂：中国蓝印花布 [M]. 哈尔滨：黑龙江人民出版社，2011：8.

② 杨玉清，贾京生. 同工而异曲：中国蓝印花布与日本红型比较研究 [J]. 浙江纺织服装职业技术学院学报，2010（64）：45.

③ 张朗. 湖北民间雕花剪纸 [J]. 湖北美术学院学报，2003（1）：123.

2. 传统染缬技艺是民俗文化的实体

人们常说：生活是艺术的源泉，是文化创作的源泉，也是美的源泉。一位民俗学家曾形象地描述："人们生活在民俗当中，就像鱼类生活在水里一样。"从民俗发展的脉络中，我们可以看出：民俗已逐渐发展成为一种人类群体的生活文化。传统染缬技艺的艺术生命，源于人们对乡土的热爱。早在明末清初，用蓝草制成靛蓝印制花布已成为广大百姓的印染模式。染缬技艺如同民间剪纸艺术、年画艺术一样，特点淳朴、粗犷、明快，带有浓郁的地方特色，是民俗文化的重要载体。民间艺人在创作作品时，根据当地群众的具体需要，创造出大量反映人民美好生活、吉祥如意的纹样。这些反映民俗风情的印花布所体现出的民族心理特征和艺术内涵已经成为广大百姓之间传达和沟通内心情感的桥梁和媒介。

3. 传统染缬技艺是信仰文化的虚体

从大量早期的印染和织造作品中，可以看出祖辈总是要通过互渗的思维方法，构建出某些新的神态特征，致敬神灵与信仰。例如麒麟等的造型是民众最为喜爱的动物神灵，"麒麟送子"的被面寓意着儿孙满堂，阖家美满。又如龙凤是中华文明的象征，是炎黄子孙的始祖图腾。"龙凤呈祥"的图案广泛用于祝贺新婚的服饰和被面上。而"凤穿牡丹"蓝印花布作品在民间流传甚广。凤是人民信仰的祥瑞之物，它头顶天，尾踏地，目像日，翼似风，是天地之灵物。牡丹色绝天下，具丰腴之姿，有富贵之态，国色天香。凤在此代表男性，牡丹则表示女性。祥瑞之鸟穿行在富贵花之间，寓意生活荣华富贵，美满幸福。

4. 传统染缬技艺是传说、神话的载体

染缬纹样具有丰富的文化内涵，通过描绘众多的神话故事反映了人们的思想情感和精神寄托。例如"刘海戏金蟾""麒麟吐书"纹样等均来自民间传说，更有"二龙戏珠""鲤鱼跳龙门""八吉祥""喜鹊登梅"等纹样，都是以染缬为载体，展现出中华民族传说、神话的魅力。

5. 传统染缬技艺是现代文化交融的综合体

染缬技艺之所以能传承至今，关键在于不断发挥其艺术潜能和优势，与现代文化交融并进。自从20世纪中叶，染缬已经由农村家用纺织品逐渐转为现代装饰品，传统艺术元素已成为现代家居的时尚元素。近年来，染缬技艺的文创产品在出口的同时，不断研制新品种，先后开发了台布壁挂、领带丝巾、鞋帽等多个类别，近千个品种，随着染缬技艺的知名度不断提升，全国各地的染缬技艺爱好者也来慕名选购。通过把创新和传承结合在一起，以商养艺，以艺促商，形成一个良性发展态势。

二、传统染缬技艺的分类及其表现手法

中国古代纺织品的防染技术称之为"染缬"。在古代"缬"有不同的解释，分为三种：第一，出自《韵会》："缬，系也，谓系缯染成文也"，说缬即绞缬；第二，在《魏书·封回传》中："荥阳郑云诣事长秋卿刘腾，货腾紫缬四百匹，得为安州刺史。""缬"指染花的丝织物品；第三，缬也指的是印花的工艺制作方法。在中国古代印染史上，最为著名的防染工艺有四种，分别是绞缬、蜡缬、夹缬和灰缬，俗称"四缬"。它的工艺主要就在于防与染是否能更好地统一，其制作方法是利用线、绳、蜡和夹板及其他的一些染缬工具来进行辅助，运用这些工具对已经绘制好图案的织物进行制作，这样已经被遮挡的部分就不会浸入颜色，这种工艺就是"防"，而没有被遮挡的部分，就会有颜色浸入，我们称其为"染"。它们作为中国古代染织科技的重要代表一直被后世借鉴学习。

（一）传统绞缬技艺

绞缬，一般称之为"扎染"，是利用古老扎结染色的传统手艺。绞缬在我国传承千年之久，一直以来根植于民众生活，在云南、贵州、湖南等地区的少数民族中发展，通过每一代人的传承发展与演变，在现代的防染工艺制作中有着极大的提升，从原有的单色套染慢慢演变到多色套染。

绞缬的工艺是运用到针跟线缝扎或者直接用线捆扎，现也运用到皮筋对织物捆扎产生各种形状，捆紧扎牢在染色的时候让织物捆扎处不易染色，没有捆扎的部分被染色，形成抽象具有偶然的纹样。在绞缬工艺的制作中，不同类别的扎结方法都起到防止织物局部染色的作用，是体现各类纹样的关键。无论是织物自身对织物的遮挡，还是利用材料道具对织物的遮挡，目的都是防止染料渗入形成图案。

绞缬工艺与蜡缬、夹缬比较，制作上相对简单，因此图案也单纯，但

图4-36　绞缬绢

图片来源：新疆维吾尔自治区博物馆

同样具有质朴美感，如图4-36现藏在新疆维吾尔自治区博物馆中最早出自新疆地区公元408年东晋时期的绞缬，扎结方法与图案效果的关系非常密切，扎结方法的选择与运用是构成不同图案效果的关键。扎结的方法，既可以决定图案的表现效果，也会间接地影响到图案的形式框架。绞缬主要有线缝、捆扎、道具扎结等方法。

1. 线缝法

线缝法扎结是绞缬工艺中最主要的结扎技法：用针、线对织物进行有目的的缝制、抽紧、打结的过程。缝制时针距的大小与形针的运用是缝扎的关键。表现细密的纹样时，针距较小较密；表现粗犷的纹样时，针距较大较疏。在缝扎的实际操作中可以选择单一的缝扎方法，也可综合使用多种缝扎方法。缝扎中，线条的纵横、间距、针距、疏密，以及纹样的不同等因素都会使扎染作品产生不同的效果。同时，缝制的针法有很多，如平缝扎、折缝扎、卷缝扎等。

平缝扎是利用平针缝的方法，如图4-37，沿着织物上已经描绘好的图形轮廓进行缝制。平缝扎的纹样特点一般多为线性纹样。线性纹样是由不同大小的针距所形成的点串联而成。

图4-37　平针缝

折缝扎的方法更适合表现对称形式的图形。折缝扎在缝制前要先将织物进行折合，然后利用织物的折合部分，如图4-38所示，沿织物的折线部位用平针缝的方法进行缝制。缝制后将缝线沿缝迹抽紧、扎牢。折缝扎的方法通过单面的缝制，不但可以获得图形自身左右或上下部分对称，也可以获得完整的图形与图形之间的对称。

图4-38 对折缝

卷缝扎是运用环针缝制法缝出所需要的图案，对织物进行拉紧、扎牢的方法。使用卷缝扎扎染出的图形相对清晰、实在，如图4-39。特别是对较为具体的图形进行卷缝，就可以得到硬朗的染色效果和相对清晰的图形形状。

图4-39 卷缝

2. 捆扎法

捆扎法是直接通过对织物的搓、拧、捆、扎等，在结合绳线固定织物的扎结状态后，然后染色的方法。捆扎的扎结方法操作简单、轻松，染色后形成的效果变化也比较丰富。使用这类扎结方法染制出来的纹样特点不受具体形状的限制与影响，往往显得更加丰富、洒脱、自然。捆扎法可分为石纹扎、卷扎、鹿纹扎等。

石纹扎扎染出的图案效果类似于石头的纹理，如图4-40所示，图案效果变化丰富、虚实有致、聚散自然。利用石纹扎方法在织物上反复扎结，反复浸染，使其得到的纹样效果变化更加神秘和多样、肌理浑厚。

图4-40 石纹扎

　　卷扎是将织物铺平，根据纹样的位置将织物局部垂直拧起，再将织物分段缠绕，最后扎牢。卷扎的方法便于操作且简单，可以省去缝制的步骤。如图 4-41，卷扎的纹样特点多为不规则与规则的圆形。

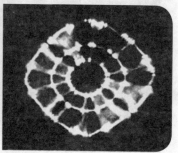

图4-41 卷扎

　　鹿纹扎的纹样特点是由一个个排列规则或不规则的小圆形图案组成，如图 4-42 类似鹿身体上的花纹，十分自然活泼。

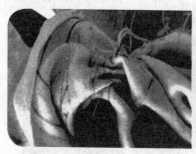
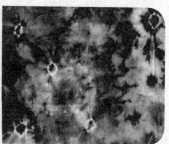

图4-42 局部鹿纹扎

3. 扎结法

利用道具扎结的方法是指扎结过程采用不同的材料作为工具，结合绳线甚至其他工具对织物进行扎结。使用这类结扎的方法，可以选择的材料或工具范围非常广泛，生活中各种可见、可用材料较多，能起到防染作用的物品都可用作尝试。不同的工具、材料在结合不同的扎结方法及染色工艺进行使用时，可以获得更多的意外效果。

帽子扎结是将需要缝扎纹样的织物部分缝制，如图4-43所示，按照缝隙抽紧，然后利用干净的纸和布包在织物的表层。再反复包裹1~2层塑料布，从而起到防染的作用。帽子扎的纹样特点带有明显的面状特征，规则或者不规则的，也可以是具象的形状。

图4-43 帽子扎结

包物扎结是在织物内包入弹珠、黄豆、硬币或者其他形状的硬物，然后在包紧硬物的织物根部用线绳任意扎牢，如图4-44。包物扎的纹样特点是可以呈现均匀或者不均匀的放射性图案。纹样的边缘也会在硬物的作用下，保留清晰、硬朗的痕迹，从而形成与其他部位虚实相应的视觉效果。

图4-44 包物扎结

波纹扎结的染色效果充满动感，类似于水面吹起的波纹，可以带给人舒适凉爽的感觉，如图4-45。利用波纹扎的方法很多，变换布料卷折缠绕的角度，增加不同次数的染色，都可以得到更多不同的染色效果。

图4-45 波纹扎结

夹板扎结是根据纹样的需要将织物折叠成三角形、长方形、正方形等，再运用提前准备好的不同形状夹板或对称式地将织物夹紧，如图4-46。夹板扎的效果取决于夹板的形状，也取决于夹板与布料形成的不同角度，通常呈面状特征。

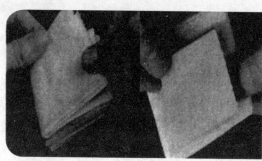

图4-46 夹板扎结

使用不同的绞缬技艺所呈现的图案各有特点，在绞缬技艺制作的第一环节，通常会首先确定图案是具象或抽象，如果选择具象图案，那么线缝的扎结方式是最能将细节表现到位的，而抽象图案则可用不同道具捆扎、卷缝、折叠等技艺来实现。其次就是考虑染色是单色还是复色，单色是直接染，可选择浅色调或深色调，复色是先染浅后染深，再考虑色调统一。

（二）传统蜡缬技艺

蜡缬，是我国古代少数民族纺织印染手工艺，浸染的过程中，蜡会隔绝染料的浸染使其产生自然龟裂，布面会呈现特殊的冰纹。如图4-47现藏于新疆维吾尔自治区博物馆中的北朝蜡缬毛织物。

图4-47 蜡缬毛织物

图片来源：新疆维吾尔自治区博物馆

1. 蜡缬表现技艺

（1）拓蜡

拓蜡源自摹拓铜鼓上的花纹，将布面蒙在铜鼓上，固定好用浆水裱于鼓面，干后用蜡来回摩擦布面，把铜鼓上的花纹拓印在布面上使布面产生蜡花，经过染色就制成拓印蜡染品，此技艺因起源很早，具体图片未收集到，但是这种拓蜡技艺类似于拓硬币，将空白纸附在硬币上方，用铅笔或圆珠笔描绘，便有了硬币的图案，如图4-48纸上拓硬币效果。

图4-48 拓硬币

（2）泼蜡

如图4-49，在固定好的布面上用蜡随意泼撒，等泼的蜡凝固后先染一次色，干了再泼、再染，反复几次得到自己满意的效果。

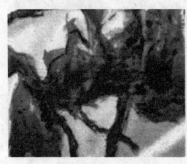

图4-49　泼蜡

（3）刻蜡

刻蜡是在织物上积蜡后，用刻蜡纸、钢针笔、剪刀、锥子、线针等任何身边可利用的工具进行刻画纹样，来表现比较细腻的画面。如图4-50，运用了剪刀工具进行刻蜡。

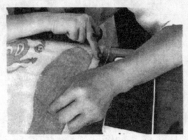

图4-50　利用针、剪刀工具刻蜡

（4）晕蜡

如图4-51所示，晕蜡是先将织物浸染为浅色，再用吹风机把蜡吹其晕化后染深，使画面形成深浅层次的纹样。此法比较费时，适合局部操作。

图4-51 晕蜡

（5）捆扎注蜡

捆扎注蜡的灵感来源于绞缬，制作的方法也与绞缬的方式相似，如图4-52、4-53，用针线扎好织物后注入蜡液，等蜡液凝固后拆线，将封蜡部分入染做出冰裂纹，后上色。

图4-52 针线缝扎注蜡　　图4-53 利用工具捆扎注蜡

（6）绘蜡

绘蜡是将布料上画好的轮廓，用准备好的铜制蜡刀（大小不等）或者毛笔等其他工具在不需要染色的位置上进行。如图4-54、4-55所示，绘蜡一般用于复杂且精致的图案上，如传统动物、窝妥纹图案等。

图4-54 传统动物图案　　图4-55 传统窝妥纹

2. 褪蜡技艺

煮蜡，如图 4-56 所示，在放清水的锅中加入适量肥皂水等其他清洗剂，水量没过染织品，把水烧开后把染织品放入锅中，反复搅动，等蜡都融化，将其取出来用清水洗净。

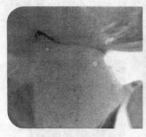

图4-56 煮蜡

烫蜡，如图 4-57 所示，把染品用报纸夹在中间，用熨斗不断地熨烫，并且不断地更换报纸直到将蜡洗净。

图4-57 烫蜡

蜡缬的表现技艺就是画蜡，也称作"封蜡"，将不需要染色的地方进行封蜡。在封蜡的过程中，对于不同的肌理、不同的面积所使用的工具也不同，如线条肌理，就可以选择蜡刀或毛笔等工具封蜡，且注意运笔速度，出现面积大的情况下也可使用大毛刷，可根据画面所需来选择封蜡方法。

（三）传统夹缬技艺

夹缬又叫"夹染"，与扎结防染的绞缬、蜡防染的蜡缬不同，夹缬直接用木制花版进行防染。夹缬在日本称之为"折文布"，在中国夹缬最开始出现在秦汉，在隋唐时期大盛。

夹缬是把所需要染制的织物根据需求折叠起来，夹在木质花版之间，用架子把花版套牢，夹紧织物，使所夹花纹被染料渗透，把所需要的各种染料以浇注的方法，将颜色染印在织物上，染好后取出，等染织物干了之后把夹版拆开，织物显现相对应的花纹。[①]在新疆维吾尔自治区博物馆收藏有唐代"狩猎纹夹缬绢"，如图 4-58，以及日本正仓院收藏唐代"羊木臈缬屏风"，如图 4-59。

图4-58 狩猎纹夹缬绢　　　　图4-59 羊木臈缬屏风

图片来源：新疆维吾尔自治区　　图片来源：日本正仓院

博物馆

传统夹缬工艺在浙南地区仍然存在，夹缬也可以制作成蓝底白印花布，又称"蓝夹缬"。现在的夹缬既有古朴典雅的色彩，又有丰富多彩、璀璨夺目的图案纹样、图案内容变化多样及高明的制作工艺，简洁之美而闻名。[②]制作夹缬过程如表 4-1。

① 吴元新，吴灵姝. 传统夹缬的工艺特征 [J]. 南京艺术学院学报，2011（4）：107-110.

② 江莎莉. 中国传统印花工艺在纺织品设计中的应用 [J]. 染整技术，2018（7）：71-74.

表4-1　夹缬工艺过程

准备土布	取长 10 米、宽 50 厘米的干净棉布浸水，等晾干后把布等分折叠成 40 厘米左右，做好标记，卷在竹棒上面
准备靛青染料	准备靛青染料
装土布于雕版	利用尺子，在做好标记的棉布上，将布按照顺序铺排于 17 块雕版中间，然后拴紧雕版组框架，用螺丝刀拧实
入缸染色	运用杠杆吊雕版组入缸，开始染色。浸染 30 分钟左右，吊离染缸，在空中停留一小会，再一次进行浸染，对雕版组进行上下翻转，反复浸染 3~4 次。浸染过程中保持棉布褶皱处平整，以防发黏
卸布洗晾	从雕版上取下染布，放入河水中漂洗，然后挂在高竹架上晾干

（四）传统灰缬技艺

灰缬，民间称"挂浆缬"，又称"糊染"，是一种唐代甚为流行的用碱性防染剂进行防染的传统印花工艺。灰缬蓝印是蓝印花布的代表性工艺，同时也是对蓝印花布最生动的诠释，区别于蜡缬、绞缬和夹缬蓝印工艺，在民间染织品大量运用在人们日常的生活中，应用于衣服、饰品及被套、窗帘、包、蚊帐等家用纺织品，深受人们的喜爱。灰缬蓝印有着悠久的历史，工艺特点鲜明，创作思想深刻，是民间智慧和艺术创作的结晶，在民间广为流传、普及。

在新疆出土的大量唐代丝织物中有不少是灰缬，如图 4-60、4-61 吐鲁番出土的"原色地印花纱"和"绛地白花纱"、敦煌出土的"白色团花纹纱"都是这种技术的代表。

图4-60 原色地印花纱　　图4-61 绛地白花纱

灰缬是以漏版刮浆法制作蓝印花布，而使用的材料简单易得，制作工艺过程简单方便，更加关键的一点是可以在民间大量生产及销售，广泛流传在民间，明清时候染制品成为民间最为重要的家用装饰方法。以下是刮浆染的传统工艺过程，如表 4-2。

表4-2　灰缬刮浆染的传统工艺过程

刻板	在刷过桐油的纸版上刻花。竖直握刻刀绘刻，上下层花形保持一致。刻刀斜口单刀、双刀、圆口刀，刻板需垫一层垫子使刀口不受到损伤，使用刻刀刻画自如
刮浆	将花版固定于桌面，坯布打湿放置花版下面，黄豆粉与石灰混合作用于防染，在调制黏稠状态便于附和布面，均匀刮于花版上
褐版	自花版一角直立掀起，不可拖拉，需一气呵成，以免损坏花样的整体性
浆布	把印有防染浆的坯布吊挂使其晾干，才能放入染缸侵染
卸布洗晾	将布从雕版下取出，平放于河水面漂洗，然后挂在高竹架（铁架）上晾干
染色	染缸调好颜色后，将浆布放入清水中浸泡一刻，再平均放入染缸大约30分钟
显色	布面需要均匀氧化，取出的布得悬挂于通风处让其透风，还得不断地摇晃布面，以达到显色目的。重复多次染色让其达到理想的效果
刮白	出缸布晒干后的布面灰碱偏重，需泡酸水固色后，在清洗以后把布面摊平，以斜倾 45° 用菜刀均匀地用力刮去灰浆
完成	刮去灰浆的布反复清洗 2~3 次，洗去残留在布面的灰浆，挂于竹竿上晾晒。蓝白花布随风飘动，宏伟壮观，是一道绚丽的风景线

三、传统染缬技艺的生存现状及创新应用

（一）传统染缬技艺的生存现状

传统染缬技艺衰于宋代，由于元代的统治者对中原文化歧视和限制，明清两朝资本主义萌芽出现，初具规模的器械印花作坊的出现，加上传统染缬制作过程费时费力、图案欠精细、染色牢度不高、色谱不全等原因而受到极大冲击。传统染缬技艺在川、滇、湘、新等省份，从古至今一直保留沿用下来。在织造业较发达的中原及沿海一带基本无人采用，只在一些

交通不便，信息闭塞的边远山区少数民族群众还在沿用。随着时代的进步和科学技术的发展，人们的生活条件和审美情趣都有了很多变化。传统染缬艺术在诸多外在不利因素的影响下，在自身局限性的制约下，这项曾经备受青睐、广泛普及的民间艺术奇葩，却没有得到相应的发展和提高。

1. 传统染缬技艺传承中遇到的问题

（1）材料局限日益显现

染缬工艺用到的染料以天然为主，这是染缬工艺的一大特色，为作品提供了极大的附加值，但是在另一方面也为技艺的纵深发展带来许多局限性。

首先，天然染料原材料产量低，开采受限，难以实现批量化生产，会对染缬工艺的发展产生消极影响。天然染料中包含一些名贵的中草药、矿物，具有稀缺性，比较昂贵，且不易获得、不易保存，而在印染中却要消耗大量染料，供需矛盾突出，一方面会增加生产成本，使成品价格居高不下，影响市场推广；另一方面，染料的稀缺性也会导致染缬工艺的产量受限，不利于可持续发展。

其次，天然染料能呈现的色彩比较有限，颜色谱系不完善，命名还没有实现标准化，影响市场接受度，也不利于市场的健全。通常色彩应用不规范、不标准，会为行业的交流借鉴造成许多无形的"壁垒"，师承不同，提取工艺不同，导致每个设计师、工作室对色彩的理解也存在差异，难以凝聚力量，导致传统染缬技艺存在"各自为阵"的现状，难以融会贯通。

最后，传统天然染料多为有机物、矿物，容易氧化，采用染缬工艺制作的纺织品在长时间保存过程中经常出现褪色、变色等现象，也会对产品的收藏价值造成重大影响。

（2）"产品为王"挑战突出

作为一种艺术品，"产品为王"是竞争取胜的常见思路，这一思路通常体现在图案设计、产品风格、外在形象、生产销售方式等诸多方面。染缬是一种传统工艺，由于其传统的"惯性"太强大，往往导致产品内涵存在局限性，难以打开市场。在设计方面，当前产品设计还以传统风格为主，设计元素也多是传统纹样、吉祥形象，缺乏现代感，难以适应日益年轻化、多样化的市场需求。设计是艺术品的灵魂，打破艺术门类之间的壁垒，为优秀的作品、灵感提供生长的土壤,事关行业兴衰,应当引起全行业的关注,只有这样,才能为染缬工艺的发展开辟时代新征途。

染缬工艺的生产、营销方式目前也都偏传统,通常以工作室为单位,各自为营,小规模生产。同时,染缬行业普遍缺乏品牌意识,对知识产权的保护力度不足,导致某些优秀的设计、产品被模仿,影响创新的积极性,也使得同质化现象日益严重,这些都严重制约了其市场化发展。

（3）人才与传承捉襟见肘

人才培养是工艺美术行业共同面对的难题,这一问题在染缬工艺传承中表现得尤为突出。由于染缬工艺从业者年龄偏大、学历水平偏低等,而且染缬工艺的传承多以传统的师徒传授方式为主,这在无形之中制约了生产效率,影响了其稳健发展。

盈利空间较小,前期学习在时间、精力上投入较大,使年轻人普遍不愿意学习、传承染缬工艺,行业缺乏创新型人才。人才危机已经成为许多问题的根源,对此,必须创新染缬工艺的人才培养模式,深入学校推行现代式教育,培养年轻一代对染缬的兴趣,进而促进其深入发展。

2. 传统染缬技艺生存困境原因辨析

（1）传统染缬技艺生存环境的消亡

传统手工艺蕴含着华夏文明的独特品格和民族气质。无论何种手工艺,从诞生之初,便与当时民众的生活保持着紧密的联系。但是,社会在不断进步,科技迅猛发展,新的生活方式、思维方式及审美观念使得传统的手工艺失去了生存的土壤,随着现代化进程的加速,传统染缬技艺逐渐失去了其原有的活力。由于传统手工艺的原生性发展动力模式来自古代的手工业和农业的技术状态,而现代社会发展的动力模式则来自机械工业和高新技术的发展状态,不同的动力模式产生着不同的社会构成方式和社会生活方式,产生着不同的文化观念和不同的审美需求。

技术改变人类生活,改变人与自然的关系,进而向固有的价值观念发起挑战。新技术的产生与发展,必然会淘汰跟不上时代进步的老技术。不能与当下的生活需求紧密连接的知识、技术、职业等,都会日趋衰落,甚至消亡,这是不可避免的历史发展规律。传统染缬技艺虽然流传数千年,但是时代的发展,技术的变革,使得流光溢彩的染缬艺术没有融入当下民众的主流生活。

（2）传统染缬技艺的功能性减弱，未能融入当下生活的需求

兰州交通大学管兰生教授认为，传统不能以年轻人喜欢的方式被接纳，文化就不能走入现代人的生活和内心。"非遗"之所以为"非遗"，主要是由于它未能融入当今民众的生活，当下生活对非物质文化遗产的需求日渐萎缩，导致一些传统的手工艺逐渐退却在当代生活中，甚至导致一部分优秀技艺消失。如果传统染缬技艺能够融入当下生活，非物质文化遗产就不再需要所谓的保护。中国西南民族研究学会秘书长、四川省非物质文化遗产保护专家委员会委员李锦认为，手工艺的发展需要市场和人群的需求。

（3）传统染缬技艺落后于时代的发展

传统染缬技艺是手工时代的产物，其工序复杂，耗时耗力。随着1804年雅卡尔提花机的诞生，这种革命性的织布机利用预先打孔的卡片来控制织物的编织式样，生产速度比老式的手工提花机快了25倍，自此，传统手工印染受到机器生产的极大冲击。

时代变迁，科技发展，民众审美要求多样化，这些对传统染缬技艺的纹样、色彩、功能性等都提出了更高的要求。虽然一些扎染工艺中的手工扎结改为半机械化生产，蜡染、蓝印花布生产工艺中运用了机械化的丝网印花，这些改进虽然提高了生产速度，但却失去了传统染缬技艺特有的韵味，传统染缬技艺正逐步成为"活化石"。

（二）传统染缬技艺的创新应用

1. 梳理传统染缬文化样貌

梳理传统染缬遗存中的大量染缬文化信息；整理传统染缬的地域、时代背景、分布态势、历史起源、表现形式、审美特征、发展特点；研究图案纹样、原料材质、工艺技法、生产方式、民间习俗、日常使用；挖掘传统的造物理念、工匠精神、文化历史渊源、中式生活的生态法则，探寻西部多民族交往的文化内核、汉唐意韵的美学特征，梳理总结传统染缬文化内涵。

2. 打造传统染缬文化IP品牌

文化IP特指一种文化产品之间的连接融合，是有着高辨识度、强变现

穿透能力、长变现周期、自带流量的文化符号。新时期，在"两创"的大背景下，寻找体现丝路文化、传统文化、西部文化的独特形式语言和造型法则，以染缬艺术的形式，创造出特征鲜明的传统染缬文化 IP 品牌，并强化这一 IP 的现代化、时尚化和形象化的演绎。品牌以"传承西部染缬、再现汉唐瑰丽、韵染时尚生活"为定位，引领新中式生活、开发新文创产品，实现传统染缬与创意设计、现代科技及时代元素的融合[①]。

（1）引领新中式生活

通过染缬的传统工艺，引领植物印染、手工工艺的传统造物理念，应对当下批量生产、千篇一律的消费占有性文化，推崇中华传统文化的精神理念，强调人的心灵与自然之物的和谐共生。

（2）开发新文创产品

通过运用互联网思维、数字技术、跨界业态方式，提升具有敦煌艺术特色和西部文化特征的染缬品牌文化内涵和符号作用；积极打造形式多样的生活家居染缬设计品系列、染缬文化研学体验与专业培训项目、染缬服饰舞台系列、染缬主题影像创作等，进而带动西部工艺美术产业全面发展。

3. 赋能传统染缬文化产业升级

在数字赋能时代，以"数字+""科技+"为切入口，通过传统染缬文化资源的数字化整理保护、染缬文化的云端展览与场景体验、染缬的新媒体艺术表现等，推动传统染缬文化内容向沉浸式内容移植转化，丰富虚拟体验内容；发展"互联网+展陈"新模式，积极改造升级染缬艺术博物馆展示方式；加强染缬文化产业平台建设，扩大优质数字染缬文化产品供给，推动线上线下融合发展。运用5G、VR/AR、人工智能、多媒体等数字技术，探索培育染缬文化数字产业新型业态[②]。

（1）染缬资源的数字化整理保护

对其进行梳理和整理，重新认识其本身所蕴含的文化因素。提取形态基因、色彩基因、纹样基因和工艺基因，并通过分析图谱进行可视化表达，构建传统染缬文化资源数据库。

① 陈先达. 中国传统文化的创造性转化和发展 [J]. 前线，2017（2）：33-38.

② 赵丰. 中国丝绸艺术史 [M]. 北京：文物出版社，2005.

（2）染缬文化的云端展览与场景体验

在5G时代下，依托智慧型染缬研学模式，在互联网供给链端用数字化实现染缬技艺从植物染料种植、染料提炼、电子手绘、计算机染色到作品成型的过程，有效解决传统染缬研学困扰，创新应用场景，科技赋能染缬技艺研学向前发展。

（3）染缬的新媒体艺术表现

着力孵化出一批线上基于染缬的动画内容与线下场景体验深度结合的优秀案例，开发具有广泛应用价值的手机App软件，通过调查消费者媒介接触习惯，占领移动端用户的视觉焦点。

4. 构建传统染缬文化产业体系

积极建设环保无污染的染料种植观光农业、人力聚集的染缬手工业、参与互动性强的染缬体验旅游业。通过协同思维，横向打通这三大产业链条，构建传统染缬文化产业体系，实现染缬文化在各个产业的全面融合发展。

（1）植物染料种植观光农业

目前西部地区大量种植栀子、苏木、万寿菊、桑葚、姜黄、茜草、蓝草、紫草、红花、五倍子等染料农业作物，既为染缬工艺流程中的上游产业提供了丰富、经济的原料供给，又为人们提供了观赏、品尝、娱乐、采摘等休闲活动，带动了相应的旅游、饮食、住宿、交通、土特产品销售等行业的发展，解决了农村居民的就业问题，促进了第三产业发展。

例如陕西韩城拥有丰富的种植柿子历史和经验，在政府和企业的带领下，因地制宜，多元化地发展柿子产业。围绕着柿子，开发出柿饼、柿子酱、柿子醋等一系列农产品。无意中在废弃的柿子皮中开展了柿子染，将柿子染用于柿产品的包装上，既可以让浪费的柿子皮得以利用，又提升了品牌价值，增强了地域的柿文化。再比如核桃青皮、石榴皮、桂圆壳、柿子叶等其他农作弃物也可用于印染，根据媒染剂的不同，又可呈现不同的色彩。在植物染的研究过程中，围绕可持续发展理念，合理地利用好不同季节的农产品和植物废弃的部分，与染缬文创完美地结合，变废为宝，开创出独特的"绿色"染缬文创。

（2）染缬手工业

加快传统染缬工艺与创意设计的结合，增加科技含量和文化含量，提高产品的附加值，设计符合当下消费时尚的新产品，在产品中见人、见物、见生活。在促进染缬手工业振兴的过程中，通过"非遗＋扶贫"的方式，培训农村闲散劳动力学习染缬基础工艺，提高贫困人群的就业能力。

（3）染缬体验旅游业

推广染缬技艺体验培训活动和非遗文化研学活动，整体助力"非遗＋旅游""非遗＋扶贫"项目。实现传统变时尚、扶志扶智脱贫致富，为传承千年的文化遗产带来生机。

在快速的城市化进程中，由于生态环境不断遭到破坏，人与自然的隔阂日益加深。于是，人们开始祈求回归乡野，寻找内心的精神和安宁的乐土。随之，围绕着旅游产业为中心的民宿相继而起，但大多数的民宿都缺乏文化和生态体验。对此比如台湾地区的卓也小屋不仅种植马兰和进行蓝染制作，还将吃、住、游、购、娱都涵盖进来，打造体验式农业生产、倡导传统与科学结合的农村生态理念，呈现超前又传统的农间生活，完美颠覆了我们以往对"民宿"的理解。图4-62、4-63为卓也小屋的蓝草种植基地和蓝染体验室。

图4-62 卓也小屋的蓝草种植基地　图4-63 卓也小屋的蓝染体验室

再如，基于传统染缬技艺下齐齐哈尔市少数民族旅游工艺品的品牌创建。"齐齐哈尔"为达斡尔语，是"边疆"或"天然牧场"之意。齐齐哈尔市是黑龙江省少数民族的重要聚集地，这些宝贵的民族文化旅游资源，极具特色的风土人情，会推动北疆鹤城旅游业的快速发展。齐齐哈尔市拥有独特的地域文化资源优势，如何打造凸显地域特色的旅游工艺品品牌，增强文化载体的旅游功能，成为我们面临的关键课题。

第一，吸收传统染缬技艺的精华。齐齐哈尔市满族传统的蓝印花布特色鲜明，坯布为麻花布，土语称作"大布染蓝靛"。满族有"立秋忙打靛，处暑沤麻杆，白露烟上架，秋风不养田"的谚语，制作蓝印花布是满族人最传统的劳作之一。目前，蓝印花布属于非物质文化遗产，齐齐哈尔市满族的蓝印花布仅存的都有着六七十年的历史，是以老式工艺和植物染料精制而成。继承不泥于古，创新不离于源。传统染缬技艺的传承，不是守旧不前，而是能够真正融入现代人的生活中。优秀的技艺不能只是在博物馆、研究所中陈列。染缬从辉煌走向暗淡，过时的并非传统技艺，而是不能真正融入当代人的生活与内心。如果想实现活态传承，需要从多方面进行改进与创新。齐齐哈尔市是黑龙江省少数民族重要的聚集地，因此旅游工艺品要突出民族特色。旅游工艺品的研发可以在吸收传统染缬技艺精华的基础上，借鉴版画、民间剪纸等多种形式，表现北疆鹤城的地域文化特点，开发新图案，打造蓝色的多个色阶，推动以传统染缬技艺创作的旅游工艺品呈现万般风情。

　　第二，民族文化对打造旅游工艺品品牌的意义。高品质的旅游工艺品的系统开发设计，不仅可以推动旅游区经济的发展，同时能够起到良好的宣传作用。我国旅游工艺品发展迅速，但是目前同质化现象比较严重，缺少文化内涵丰富的品牌。旅游工艺品能否成为知名品牌，能否具有市场竞争力，并不只是取决于技术上的差异，重要的是品牌是否具有丰富的地域文化内涵。杭州丝绸、四大名绣、北京景泰蓝、无锡惠山泥人、潍坊风筝、景德镇陶瓷等，都是耳熟能详的民间工艺品，它们具有深厚的民族文化内涵，鲜明的地域文化特征，赋予了品牌强烈的文化色彩与情感。旅游工艺品越是凸显民族特色、地域文化，越是饱含浓烈的乡土气息，越会受到关注。因此，民族文化对于打造旅游工艺品品牌具有重要的意义。旅游工艺品的魅力来源于与众不同的地域文化、独具特色的民族风土人情。首先，设计时应凸显个性、差异性，才能赢得竞争优势。齐齐哈尔市留存着众多地域特征极强的民俗民风，如鹤文化、大布染蓝靛、满族刺绣、萨满文化、站人文化等。旅游工艺品的研发应依托独特的历史人文资源，挖掘特色鲜明的元素，提炼具有市场价值的文化符号，研发具有灵性的产品。中国传统染缬技艺的核心区域是西南少数民族地区、江南地区、甘肃古丝绸之路。齐齐哈尔市以染缬技艺创作的旅游工艺品想要赢得市场，必须突出北疆鹤城的个性、差异性，才会具有竞争力。其次，拓宽旅游工艺品的设计思路。近几年，古老的故宫博物院凭借"强大IP+多平台传播+电商"的模式，走出了一条区别于其他文创园的新路。依托博物馆馆藏文化资源开发各类文创产品已经成为各地博物馆的共识，可是各地博物馆文创产品水平参差不齐。多数文创产品的开发流于表面寓意，缺乏地方特色和民族文化特色，实用性和亲民性较弱，并且品牌建设滞后，80%以上的文化品牌缺乏市场竞争力，品牌竞争力亟须提高。

第三，打造民族旅游工艺品品牌的建议

长期以来，齐齐哈尔市各族人民在这片土地上，创造了可歌可泣的民族文化。如何挖掘、整理这些民族文化遗产，传承古老的染缬艺术，打造优质的旅游工艺品品牌，助推地方经济，值得我们认真思考。

其一，注重相关专业人才的培养。旅游工艺品的成功研发，关键是要依靠相关的设计人才。齐齐哈尔市的相关部门、机构、学校，要大力培养和招聘热爱传统染缬技艺、了解民族历史文化的高素质旅游工艺品设计人才、经营管理人才。鼓励旅游工艺品研发公司与相关的科研机构，设有传统染缬技艺专业、旅游品设计专业的高校深度合作，确定研发思路，保护知识产权。

其二，重视传统染缬技艺、民族历史文化的保护与传承。对于地域文化与民族特色，我们应始终坚持"保护第一、开发第二"的原则。只有保护好人文历史资源，才能更好地开发与利用，形成良性的循环。要切实加强对人文历史资源的研究工作，扩大齐齐哈尔市地域文化与民族精神的影响力。加强对高品质旅游工艺品的宣传，提高工艺美术大师、擅长传统染缬技艺的设计师的社会地位与待遇，制定切实可行的保护措施，鼓励他们将高超的技艺传授给年轻人。

其三，深度挖掘地域文化符号与民族文化符号，打造精品。树立品牌是提升齐齐哈尔市旅游工艺品的重要途径，齐齐哈尔市要努力研发突出当地少数民族文化特色的品牌工艺品。达斡尔族的剪纸、刺绣、雕刻、陶艺、面具、玩具、烟荷包、乌拉、悠车、服饰等是人类文化艺术瑰宝，满族的蓝印花布，鄂伦春族的狩猎文化、桦树皮手工艺，蒙古族的饮食文化，朝鲜族的民族服装，以及特色鲜明的鹤文化，这些都具有浓郁的地方色彩，具有很大的开发空间。我们当务之急是要对这些民族文化遗产进行深度挖掘、整理，将它们融入少数民族旅游工艺品的设计与研发中，推动以传统染缬技艺创作的旅游工艺品快速发展。

其四，营造旅游工艺品销售的文化氛围。良好的民族文化氛围，有利于旅游工艺品的销售。旅游工艺品商店的整体店面装修、橱窗陈列应符合相应的少数民族风格，工作人员统一着少数民族服装，熟悉少数民族的文化历史。在销售旅游工艺品时，额外增加体验式活动，令游客产生耳目一新的感觉。比如，让游客亲身参与蓝印花布的印染过程，参与利用传统染缬技艺制作少数民族服装、服饰的环节，在旅游区让中外游客体验利用扎染、蜡染来设计、制作以丹顶鹤纹样为主的染缬艺术衍生品，现场增加传统染缬技艺的表演等。这样既可以丰富旅游内容，还可以使游客加深对传统染缬技艺及少数民族文化的了解，提高购买欲望。

其五，加强对旅游工艺品的宣传，拓宽销售渠道。不同的民族文化决定了旅游工艺品的个性差异与不可替代性。在销售旅游工艺品时，尝试名家、名品的限量限产制度，推出旅游工艺品品牌的形象代言人。除了绿博会、小交会、冰雪节，举办民族文化、艺术节、民族风情节等，构成文化搭台、经济唱戏的旅游文化格局。全方位、多渠道，加强对齐齐哈尔市民俗民风、旅游工艺品的宣传、展示与推广，助推齐齐哈尔市旅游业、地方经济的发展。

流光溢彩的传统染缬技艺发展至今，已有数千年历史，现今却面临濒临失传的境遇。传统染缬技艺所用的材质与染料具有绿色、安全、环保等特点，符合今天所倡导的低碳、环保、循环利用等生活理念。在传统染缬未来的发展道路上，不仅需要处理好传统技艺、设计和发展之间的关系，提高传统工艺的设计水准、制作水平和整体品质；还要将可持续发展理念贯彻到染缬中，与其他行业协同发展，在继承传统文化的基础上，以创新创意的精神引领我们走进现代化生活。

第五章 "经世致用"造物观下传统染缬技艺在现代室内装饰中的应用

传统染缬技艺中最优良的基因不可改变，创新的目的是更加符合当代人的生活习惯与审美，发展传统染缬技艺既要传承手工艺的核心，同时也要有当代化的提升与变化。在这辩证关系中，重要的是把握好手工艺的核心，即使做任何适应现代生活的创新，都要保证传统染缬艺术的精良技艺与文化价值。遵循"继承不泥于古，创新不离于源"的原则，以"经世致用"造物观为主旨，以"效用于日用之间"为目的，让传统染缬艺术能够真正回归到民众的生活中，与民众的生活需求紧密地联系起来，这是振兴传统染缬技艺的意义所在。

传统染缬技艺在设计中的应用较为广泛，当代生活中很多领域的设计都离不开染缬技艺，比如使用绞缬与蜡缬技艺制作的艺术产品在居室空间装饰中的应用，主要体现在家居、布艺、陈设品等，对居室空间起到装饰点缀的效果。居室空间装饰更多的是生活的具体表现，它不仅仅是人们对基本生活需求的满足，也是更高层次对居室氛围、精神、文化内涵的整体结合，是当代时尚的代表。如图5-1，手工染缬织物品是室内空间装饰的重点，织物品本在功能与色彩、图案方面的创新具备多样性，可以用于不同形式的室内搭配组合，使其空间具有文化性与艺术性，有利于调和整个生活环境。同时，在茶室空间设计上，染缬图案的应用较多，其图案具有画龙点睛之效，如图5-2，在很多的茶旗、杯垫、装饰画等织物产品设计中，都可以看到染缬技艺的应用，色彩基调或典雅或绚丽，提升了茶室空间设计的艺术美感，彰显主人公的品位。

当代社会，非物质文化遗产在国家政策的驱使下，且具备独特艺术性和绿色环保功能的传统染缬工艺逐步发展，在设计上，使用手工艺术工艺进行设计，是当前的一大趋势，其结构、肌理的制作，将传统工艺与现代审美理念相融合，体现设计的艺术性、时尚性。

图5-1 染缬在室内空间的应用

图5-2 染缬在茶室空间的应用

一、"经世致用"造物观下传统染缬技艺在现代室内装饰中的价值

传统染缬技艺应用于现代室内装饰，让传统染缬技艺生活化，以"经世致用"造物观为主旨，以"效用于日用之间"为目的，挖掘染缬技艺在室内装饰中的审美价值与装饰功能，提高染缬艺术的当代价值。让它变成我们身边能触摸到的、感受到的物体，这样才能长久地传承这项技艺。

（一）传统染缬技艺在现代室内装饰中的审美价值

几乎在造物历史起步的同时，人们便开始了造美的步伐。其主要体现在人造物的符号、纹样、造型等，致力于引发人们主观意识中的美好心情，赞颂美好的事物及具体表达各种功能需求。染缬作为各种室内装饰用纺织品之一，将人、家具和建筑物相互联系起来。好的室内装饰用纺织品常常在表达设计师风格的同时注重文化意味的体现，具有民族文化性的装饰常常展现其寓意性。具有浓郁民族文化元素的传统染缬技艺，其审美价值表现在人文价值、社会价值和艺术价值三个方面。

1. 人文价值

人本身的生理特点决定了对柔软温暖的事物的喜爱，从而获得舒适感。

人区别于动物很大的一个特点是人不仅需要生理上的满足感,还需要心理上的满足感。柔软温暖的织物可以给予其他物质所不能给予的触觉上的柔软与心理上的温暖,通常可以对人的心理产生影响。

传统染缬技艺应用于现代室内装饰设计中并不局限于视觉和触觉的表达,还在于其内涵精神表达。融入传统染缬技艺的图形语言常以借喻、谐音等方式组构而成,表达出"纹必有意,意必吉祥"的思想;其图形充分展露了中国人的思维,展露了中国人感性直观、富于创造力的一面,其具有鲜明的生活性、极强的装饰性和象征性,是一种观念艺术;其材质能给人以原始自然的感受,达到视觉、触觉与心理的三重享受。

不同地位、职业、性格、文化修养、兴趣爱好的人有不同的心理需求和对装饰织物的要求。时代在变化,时空在变化,装饰织物也会不断变化,而传统染缬技艺可以历久弥新,与时代的需求保持一致。

中国文化元素的多样性为传统染缬技艺提供了丰富的视觉手段和装饰风格。多种文化元素符号在反映中国人文意识的同时又可体现人文精神。传统染缬技艺所蕴含的民族传统文化和民俗文化为现代室内装饰设计带来了有益的启示和丰富的借鉴资源,为设计者创作提供了丰富的灵感来源。

2. 社会价值

无论在古代社会,还是现代社会,文化的传承都与人们息息相关,若是没有传统文化和艺术的传承,中式现代室内设计将是无源之水,无本之木。很多的设计文化元素可以引起人们的共鸣,例如中国传统图案的龙凤纹样,其是中华民族特有的文化象征,符合中国人的审美意识和审美需求,能得到大众的关注和共鸣。传统染缬技艺具有多样的实用功能,如调光、吸声、控温、防尘、防潮等,能够很好地改善硬空间的不适感和冷漠感。传统染缬技艺可以塑造质感、审美特征多样和独具装饰特色的成品织物,以适应当代室内环境空间多种层次、风格的多种需求。

社会价值的实现还关乎经济因素,如果只注重陈设物与室内、与人的关系,而忽略了经济因素的话,这种设计也是不成功的。首先传统染缬技艺相对于其软装饰来说是相对便宜的,是较为经济的一种装饰手段;另外染缬本身较为轻便,使用者可以根据气候、心情等进行更换,更便于人们选择。

3. 艺术价值

传统染缬技艺本身就是一种艺术形态，它包容着材料的艺术，形态肌理的艺术、色彩的艺术、图案的艺术等，而这些艺术随着时代的发展也各自表现出不同的特征，对于传统染缬技艺而言，其呈现的艺术特征是一种整体美、系列美，它可以是高雅的，可以是清新的，也可以是俗丽的。传统染缬技艺所表现出来的高雅文化与民俗文化的交融，是当代艺术审美文化的一种表现，也可以说是高雅艺术与民俗艺术这两者逐渐磨平鸿沟的一种表现，是文化内涵的表现。

对于一个好的设计来说，内涵是不可缺少的。传统染缬技艺所蕴含的艺术资源是不可限量的，通过萃取中国文化的精髓，攫取灵感，承袭中国的传统美术观，将传统染缬技艺融合于现代室内装饰设计当中，必将得到独特东方文化魅力的优秀设计。

（二）传统染缬技艺在现代室内设计中的装饰功能

艺术的不同属性与功能决定了其各自鲜明的个性和特征。从古至今，任何有人类的痕迹必有装饰的痕迹，装饰是人的本能。装饰既是艺术符号，又是文化符号[①]。传统染缬技艺在室内装饰陈设中的装饰功能主要表现在营造物理空间和营造心理空间两个方面。"装饰"语言所涉及的内容大致可分为"图""物""境"三个方面。其中，"图"指的是绘画、图案、文字等装饰；"物"指的是产品装饰；"境"指的是建筑装饰与环境装饰。传统染缬技艺装饰功能语言主要体现装饰的第三个部分。

传统染缬技艺在现代室内设计中的装饰功能主要表现在三个方面：一是可柔化空间，提升格调；二是起到划分空间，丰富空间层次的作用；三是能够渲染空间气氛，增添审美情趣。

1. 柔化空间，提升格调

织物具有质地柔软，手感舒适，使人亲近，易让人产生温暖感的特性，具有室内空间配置所需的实用性功能，如遮蔽、调节光线、吸音吸湿、保暖等一系列功能。中式文化室内装饰品注重格调的体现，纺织品格调的体现是对室内空间情感意蕴的艺术升华。传统染缬技艺采用天然纤维材料,棉、

---

① 王欣. 浅谈现代家纺产品的装饰性 [J]. 国外丝绸，2008（6）：15-16.

毛、丝、麻这些天然纤维来源于自然环境，更易于创造富有"人情味""文化味"的室内空间，从而柔化空间，缓和钢筋水泥的硬装饰带来的冰冷感和生硬感。蕴含文化元素的图案纹样与色彩不失时机地配合，传统染缬作品的融入，常常能够收获意想不到的装饰效果。

传统染缬作品这种美化生活的物质能够以静态的实体形式呈现使用者的内在精神世界。传统染缬技艺凭借丰富的文化内涵，以及材料质地和结构特性，寓装饰与应用于一体，其对营造温馨和谐的室内环境具有重要导向作用。

2. 划分空间，丰富空间层次

传统染缬作品是调剂装饰材料硬性属性的重要手段。在硬质的硬装环境下，柔软的装饰用纺织品可起到有效划分空间，获得丰富层次，以及引导和衔接的作用。室内空间并非独立存在的，空间的衔接是形成一个和谐统一的室内环境的必要因素。中国特色的染缬作品，如帷幔、壁画、屏风、窗帘、桌布、地毯便是非常合适的选择。通过这些装饰对染缬作品的使用，既体现了其柔性划分、限定空间的功能，获得一些虚拟的结构空间，又起到了很好的美化装饰作用。

3. 渲染空间气氛，增添审美情趣

在当代社会，人们对室内环境的需求已不满足于实用功能，而且还有精神文化的需求。蕴含文化元素的染缬作品在室内空间的广泛运用，从美学的角度分析，外观的形式美、色彩美、材质的质感与肌理能给人以"美"的视觉享受，同时这种美的享受能够引起人们对于美的思考，唤起人们对于艺术美的共鸣和对艺术的联想，从而增添人们的审美情趣。

在渲染空间氛围方面，色彩无疑是作用最为突出的，其可以传递居住者的一些生活习惯和审美取向。不同的色彩可以给人以不同的心理感受，染缬作品色彩的恰当运用可以对人们的心理和生理都产生积极的影响。例如，红色主题的室内装饰染缬作品给人以温暖的感觉，蓝色主题的室内装饰染缬作品给人以平静的感觉。材料对空间的渲染作用也是不容忽视的，不同的材质带来不同的触觉感受和视觉感受。例如，绸缎面料的装饰用染缬作品常常给人以富贵华丽之感，麻质面料的装饰用染缬作品常给人以古朴自然之感，棉质面料的装饰用染缬作品常给人以柔软温暖之感。

二、"经世致用"造物观下传统染缬技艺在现代室内装饰中的应用概述

（一）传统染缬设计创新理念

传统染缬有着几千年的发展历史，从唐朝衣物华丽、多彩的艺术风格到元明清轻盈自然的艺术风格，是在继承染缬工艺基本技法的基础上不断创新的结果。融入每个时代的独特元素，既表达出创作者主观思想和意念，又迎合着每个时代审美特征需求和精神文化需求。

随着当代审美视角与传统创作理念的碰撞，当下人们在物质和精神两个方面的需求更值得被深入探究。物质性需求为传统家居产品对绞缬与蜡缬融合的创造性、艺术性及其生命活力的新需求；精神性需求则包括传统家居产品对绞缬与蜡缬融合的新颖性与个性化的新需求。

因此，我们要推陈出新，不仅要创造更多家居产品艺术价值，还要体现出家居产品在当下所极力提倡的绿色、生态、环保等创新理念。要在传统家居产品发展的过程中，再次寻求生机，将传统家居产品与当代染缬艺术相融合，吸收当代艺术创新理念，拓宽绿色环保理念在当代家居产品中的应用，升华传统家居产品的运用空间，挖掘传统染缬技艺中的创新性。

1. 时尚化的家居产品创新理念

人们对绞、蜡缬产品的追求与热爱，一方面是绞、蜡染缬制品的不可复制性，另一方面是对绞缬晕色之美及蜡缬冰裂纹之美的情有独钟，但更重要的是它那不可复制的创作过程能够满足当代人们渴望远离冷漠、生硬、机械的钢筋水泥，跳出快节奏生活压力的重围，追求品质、体现个性审美和宁静的超越平庸的精神文化生活需求。

传统染缬是民族特色文化与艺术美学的聚集沉淀，消费者购买绞、蜡缬家居产品的初衷不单纯的是为了使用，在独特艺术气息的家居产品中所流露的是自我内心需求的满足感，更是自我个性展示与精神世界追求的承载者。如图5-3所示，是知名艺术家 Miss Lin 创作的染缬家居产品，其在传统绞缬图案的基础上改良而成，以全新的现代家居产品造型、风格进一步实现着传统手艺的当代时尚化表现。

因此，在传统家居产品中赋予时尚化的创作理念，将自然、古朴的质感融入当代家居产品中，以怀旧的艺术韵味装点当代家居空间，更赋予当下家居产品大胆狂野、独一无二的生命力。

图5-3 染缬家居产品

2. 天然性的家居产品创新理念

人类与自然环境的和谐共存已经成为一个时代性问题，社会发展正急剧迫使人们生活方式趋向于自然生态化，为了响应国家政策和民族生态意识的觉醒，极力倡导"绿色生活"，因此融入绿色环保的家居产品，必将成为当前市场主流创新的设计理念。传统绞缬与蜡缬运用板蓝根植物染料是从自然界植物中提取的，属于天然，具有无毒无污染，对人体亲和性好，与环境相容性好，产品选用贵州本地土棉麻织物以植物染料染出天然柔和、典雅的色彩优势，满足了当代人追求自然的心理需求。在当代社会生活中，物质文明的飞速发展和快节奏的生活，以及超负荷的感官刺激，对人的生理和心理造成了沉重的负担和压力，人们迫切获得一种回归自然、呼吸清新空气、超脱束缚的精神状态。

传统绞、蜡缬应用于当代家居产品也需要体现天然性。其本质意义一方面在于推动并促进自然生态环境的保护目的；另一方面在于使用原材料进行创作实现环境效益的最大化，同时减少环境污染，实现生态环境的平衡。

3. 一绞一蜡皆是美的传递。自然界最不可缺的就是自由的意志与温柔的创造，它们是对绞缬、蜡缬进行文化传承及当代家居产品应用的关键前提。其富有民族特色的蓝、白调尤为符合当下人们的审美视界。在传统手工艺逐渐成为当下人们精神需求之际，绞蜡融合的创新理念也即成为生活态度、生活方式和审美追求的新型表达方式。

一绞一蜡融合的创新理念以传达产品信息来吸引消费者的注意力，在创作中强调绞、蜡缬产品的视觉冲击力。如图5-4棉布织物，采用幽默化、趣味化、抽象化的设计语言，从单纯的色彩、造型、构成等简单的感官刺激升华为视觉冲击的主要来源，在实现视觉冲击力的同时还刺激了消费者的购买欲望。如图5-5棉麻织物，以抽象的艺术表现形式展现出灵动的交错线条，给予观者静心遐想的闲适感和舒适欲；蓝白相间抽象美的表现，对人的视觉和内心产生强烈的震撼，同时满足视觉上的刺激，唤起消费者的情感共鸣，从而产生消费冲动，更使得产品脱颖而出。

 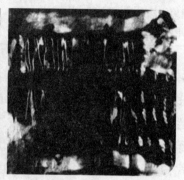

图5-4 绞、蜡缬结合（棉）　　图5-5 绞、蜡缬结合（麻）

（二）传统染缬设计创新方法

传统绞缬与蜡缬虽然具有独特魅力，但从工艺和艺术效果角度来看，也存在局限性。

其一，在传统绞缬制作过程中，利用道具扎结时，会因为织物、染缸、工具的大小，限制图纹效果的呈现性；在传统夹扎法中，制作出的图纹过于死板；其二，传统蜡缬纹样的局限性，因工具使用单一，导致其图纹过于规律化；其三，染色方面，传统染色过于烦琐，且不具备灵活性。

同时，随着党的十九大报告提出要推动中华优秀传统文化创造性转化和创新性发展，以及在坚持绿色发展，强化生态保护意识，合理利用天然材料的原则下，创作者开始逐渐意识到家居产品在绿色生活环保理念方面的重要性。

因此，对传统绞、蜡缬开启了探索创新之旅。在探索过程中，创作者发现传统绞、蜡缬技艺具有极大的创新性。笔者经探索，发现可以通过以下技艺手法进行创新，如表5-1所示。

表5-1　技艺方法

方法一	方法二	方法三
1. 正负形同构法 2. 拔染技艺同构法 3. 技艺置换同构法 4. 绞缬简扎与夹杂并列 5. 蜡缬封蜡与冰纹并列 6. 绞缬缠绕法与蜡缬随意龟裂纹并列	1. 图案拼置法 2. 接针绣拼置法 3. 图案的解构与重构法	1. 传统套色法与吊染的渐异同构法 2. 现代浑然法与传统染色的渐异同构法 3. 绞、蜡缬技艺与多种染色技艺相混合法

1. 传统技艺多品类同构方法

"多品类同构法"指的是将两个或两个以上不同的，却又相互之间保持关联性元素融为一体，以新奇的方式共同构成一个新元素，并非原造型的简单组合，而是被赋予了新的意蕴。在传统绞缬与蜡缬技艺融合中采用同构方式，是运用有着相关联系的多种工艺、技法进行同构出现的画面效果，比如在绞、蜡缬技艺之间运用正负形同构、置换同构等方法，凭借同构表现形式，巧妙地融合在同一布面上，正所谓"旧元素，新组合"。传统多品类同构方法以表5-2所示，涵盖对绞、蜡缬技艺、染色、图案方面的创新方法。同构手法的运用，如图5-6，使得画面表现力更强，画面的层次更加丰富，熟悉和陌生的画面也能激起观众的好奇心，从而进一步丰富画面内容和含义。

表5-2　多品类同构方法

多品类同构	绞、蜡缬技艺的正负形同构方法	正绞与负封蜡同构法、正绞与负冰纹同构法、正绞与正负蜡同构法
	绞、蜡缬技艺与拔染技艺的同构方法	——
	绞、蜡缬技艺的置换同构方法	先绞后蜡、先蜡后绞

图5-6 绞、蜡缬技艺融合

（1）绞、蜡缬技艺的正负形同构方法

"正负形同构"是指正形与负形在同一个空间内相互借用与相互依存。一个大图形中隐含两个小图形，具有两种不同的含义，两内容或是相反，或是相关，通过对相似事物形态的联想，来寻找到与主题意义相关的正、负形空间图案，合理巧妙的空间布局中，使正、负两种形态相融共生，互相作用，从而达到"一语双关"的效果。

绞、蜡缬融合表现在一张布面上，以正绞负蜡或正蜡负绞的图底转换方式，通俗来讲就是正面、背面自主转换，展现新画面，使正、负形交织使用，传达的含义做对立统一的预设。两种图形相互借用，具备了图形和衬托图形的背景两部分。一则具有明确、清晰的视觉形象和强烈的视觉冲击，二则给人虚幻、模糊的感觉。将绞缬与蜡缬在一种线形中进行巧妙的融合，使其产生一种时而为图形、时而为背景的现象，两者各不相让，相辅相成。

①正绞与负封蜡同构法

"正绞、负封蜡"指织物正面采用绞缬技艺，织物背面采用蜡缬技艺，通过背面封蜡的方式来体现画面。设计好画面构成后，绘蜡工具可自主性选择，在背面封蜡与正面绞缬、捆扎或线缝结合并行，即一边封蜡一边绞缬，如图5-7、5-8，绞缬与蜡缬交错间融合表现，形成交替制作过程，融入一种超越或突变的画面感，此技法能表现意与象的效果，适用局部装饰作为点缀，如杯垫、抱枕、靠枕、帘挂等，打造空间即视感。

图5-7 正绞负蜡（正面效果）

图5-8 正绞负蜡（背面效果）

②正绞与负冰纹同构法

"正绞、负冰纹"指的是织物正面采用绞缬中某种技艺，织物背面采用蜡缬技艺，在背面封蜡的基础上再做人为冰裂纹处理。取绞缬与蜡缬各局部进行正负形同构时，构成是重点，直接影响其画面效果的和谐统一。如图 5-9、5-10，在正面绞缬部分采用了平针线缝与帽子扎的技法，其效果不明显；而在负面蜡染中，进行了刻蜡、折蜡及手搓裂纹的技法，主要想表现一种出其不意的效果。绞缬与蜡缬技艺融合的体现，需要实践多次并总结不足。在绞缬、绘蜡和处理冰裂纹时可借助工具，任何触手可及的工具都可使用，工具的使用带给了画面无限的可能性。

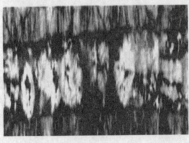

图5-9 正面绞缬效果　　　　　　图5-10 负面冰裂纹

③正绞与正负蜡同构法

"正绞与正负蜡"是将织物正面有意识的绞缬，再通过正面和负面绘蜡的表现组构画面。正负面蜡缬技艺的表现使蜡独有的"冰裂纹"可以被利用得淋漓尽致。"蜡"所具备的可塑性、可燃烧、易熔化、不溶于水等特性，都可以通过不同的表现手法呈现于画面中，如图5-11、5-12正面绞缬运用折叠的方式将其需要染色的部分用夹子固定成形，为的是与蜡缬所带给画面的不确定性产生对立统一、相辅相成的效果。正面蜡缬利用大刷将整体面积进行规则与不规则的封蜡，表现出画面纹理、肌理特殊视觉的感受；在其前面基础上利用不一样的工具在背面做局部加强或修饰，以蜡作为画面中的防染剂、留白剂来表现，突出自然美。此技法豪放、不拘小节，又不失细节之美，可适用于壁画、屏风、杯垫、抱枕等方面体现。

图5-11　正负面蜡缬（正面）

图5-12　正负面蜡缬（负面）

（2）绞蜡缬技艺与拔染技艺的同构方法

"绞、蜡缬技艺与拔染技艺的同构"是在绞、蜡缬融合的基础上，再添入拔染技艺组合，同构形成新画面。拔染技艺在染过的布料上用还原剂和84消毒液使其恢复颜色，还原白色的花纹，用与绞染完全相反的原理制作花纹。如图5-13，在制作中，考虑用蜡绘制块面难度较大会影响效果，于是将主图用蜡封好后，在将其抑扎，抑扎是将织物单向顺序松弛地叠皱，并将其一端固定住，再沿顺时针或逆时针的方向继续将织物拧紧，最后用绳线把织物自始至尾扎紧。染色后又用刷子蘸少量 84 消毒液随意地刷，待几分钟左右颜色就能还原，拔染的块面干脆，配以绞缬与蜡缬的效果更具抽象装饰性和层次装饰性，此技法灵活，可制作豪放风格的画面，也可制作清新可爱的花点画面，在帘类、床品、屏风等方面适用，营造清新、大气的空间氛围。

图5-13 绞、蜡缬拔染

（3）绞缬与蜡缬技艺的置换同构方法

"置换同构"也称"替换或代替同构"，其特征是一种事物的某一局部或空间被替换成另外一种事物。在绞、蜡缬技艺融合置换同构中，主要以先绞后蜡或先蜡后绞两种顺序来进行置换，在一块布面上取部分先绞缬、再蜡缬，或先大范围蜡缬，取小局部进行绞缬，如此使画面更丰富。

①先绞后蜡法

"先绞后蜡"指在固定步骤有序地进行制作，在基础上体现蜡缬的置换。如图 5-14、5-15 所示，步骤顺序都是先利用道具将布料附于大小不一的竹筒上用粗细线绳进行自由捆扎，捆扎过程可以对布料做一些无意的变化，如图 5-18，局部进行了随意皱缩，宛如空中云朵般；图 5-16 局部进行了布与布之间的折或重叠，其效果出其不意；图 5-17 所示，浅颜色部分无意地做了一些防染技巧，如布遮、渔网遮等。然后在线绳之间进行封蜡，封蜡方式不同，效果也不一样，如点蜡、泼蜡等。如图 5-18 所示，将布用夹子夹住，快速放入染缸再提起，有了局部的一个底色后进行线绳捆扎，随即封蜡染色，其效果随性自由略带神秘感，此种技法所呈现效果的不确定性更强，在空间中会是最亮丽的一道视觉线。

图5-14 至5-18 先绞后蜡

②先蜡后绞法

"先蜡后绞"即在蜡缬部分有目的的替换成绞缬画面，形成对比效果。如图 5-19 所示，将在需要具体而清晰的局部封上蜡以后，将整个布料采用任意揉捏法，进行线绳捆扎后染色，使绞缬和蜡缬巧妙地结合在一起，表现出工艺的艺术肌理之美。此种技法把控蜡温、蜡量，如 5-20 至 5-22，先构好图，在封蜡的过程中有意地留出图稿局部，其图 5-20 封蜡较厚实；图 5-21 封蜡过程中时而停顿、时而中断；图 5-22 则封蜡最薄。纹理效果采用了绞缬中的折叠法和借助细条工具的卷缩法。以上技法效果皆具意与象之美，局部更为突出。

图5-19 至5-22 先蜡后绞

2. 传统绞、蜡缬染色的渐异同构方法

"渐异同构"是指一个形态通过一定过程转换成另一种形态，其转换过程可以是非现实性的。其染色过程，可以借助不同染色技法的结合来达到内心所想的画面，如以下传统套色与吊染的结合等；也可以自由发挥，在无意识状态下进行染色，达到一种出其不意的画面效果，该过程不受限制、天马行空。

（1）传统套色、吊染的渐异同构法

"传统套色、吊染的渐异同构"在染织过程中主要对局部效果还不够强烈的地方来采取进一步多次染色措施，或者是在原有画面上，通过某种技艺、某个局部、某个姿势等逐渐形成多样化效果，具体实行步骤如下。布料上设计好图案，按由浅入深的顺序进行染织，将最浅的颜色一起染（不进行捆绑，染40分钟，进行干燥，8成干进行捆扎，捆扎最浅的颜色，依此类推）。在完成基础套色之后进行局部不同的方式来加强效果，运用吊染法来加强两头深的效果，在染织过程中不断地淋染料，该技法简单易出效果，如图5-23，使其画面出现渐变中带有线条的肌理效果，一方面符合笔者作品的思想理念，另一方面也让作品在渐变的视觉效果中能富有一些变化，此技法适用于抱枕、靠枕、帘类等，以渐变、重叠之效给予空间自由、空旷的感受。

图5-23 吊染

（2）现代浑然法与传统染色的渐异同构法

"现代浑然法"是在现实与非现实之间所形成的一种新技法，该种染色技法与传统染色融合进行渐异同构，多种染色技艺的糅合主要用途是使画面作品的视觉冲击力能更好地凸显，它既能在极强的对比中体现画面的柔和之美，也能在众多的技法冲突中体现各个技法的独特之处。此技法较为灵活，在家居产品中的大织物上使用更易出效果，如帘挂、壁画、桌布、床上用品等。如图5-24所示，现代染织技术中的浑然法就是一种全新的染织技法，具体操作如下。

第一，把染料洒在桌上，不煮沸，挤干水分，用手掌来回赶染料；第二，热水煮开布料，挤压水分，染料抖

图5-24 渐异染色

在布上，一边赶一边染。在此基础上我们还可以结合传统技艺的柔和来达到自己想要的视觉效果及作品的情感表达。

3. 传统绞、蜡缬图案的拼置同构方法

"拼置同构"指的是将两个以上的物形，各取部分形态拼合成一个新形象的图形构建方式。拼置的组合方式需注意：第一，保留原有形式的部分要有特色，保证原形能被受众判断识别出来；第二，拼置分割和连接之间的过渡要自然，组成新形象具有视觉上的完整性和合理性。[1]此技法比较灵活，且质朴之感尤为突出，耐摩擦，在日常生活空间中的应用也随处可见，小型靠垫、杯垫、茶盘垫、框画等。

（1）绞、蜡缬图案与拼布技艺的拼置同构法

"图案与拼布技艺的拼置同构"指的就是将原本图案结合拼布技艺，做规则与不规则、多种形式融合的拼置同构。拼布，有"百纳"和"布艺拼贴"之称，它是一种有目的性地将规则或不规则的布片拼接缝合在一起的艺术或手工技艺。同时，拼布技艺被应用在装置艺术、家居和服饰等设计中，其纹样多变，装饰工艺丰富，通常可见的拼布产品有抱枕、床上用品、布袋、壁挂等。如图5-25、5-26，利用绞缬与蜡缬技艺表现的各种现成形状大小不同的碎布以拼布的方式进行拼置同构组成一张完整的画面。拼布是根据织物碎片的不同形状，将布料拼贴在一起，以达到一定设计意图的过程，拼缝可以升级为艺术创作，成功地从最初的生活必需品转变为一种生活艺术品。

图5-25 绞、蜡缬融合拼置　　图5-26 绞缬碎布的拼置

---

① 俞青. 同构图形在海报设计中的表现 [J]. 长江大学学报，2013（12）：211-212.

（2）绞、蜡缬图案与接针绣技艺的拼置同构法

"图案与接针绣技艺的拼置同构"指的是在绞、蜡缬融合的图案上，再结合接针绣的多种方式组合拼置。接针绣，可理解为直针绣和直针绣的衍生针法，就是利用直针绣的基础针法，变化出多样式图案。在日本又称之为"刺子"，刺子是世界刺绣针技中排列第一的针法，属于一种平民刺绣。常与蓝染布配合创造图案，白线蓝染布清新淡雅，一度受到时尚人士的追捧，后来逐渐地演变也有彩色线做刺子绣，也出现了立体视觉的刺子图案。

接针绣之间针距一般都是固定的，按图案造型绞动织物表面，运针排线。接针绣缝制的图案通常是简单明朗，与针距相同的短线平刺或勾勒图案的线条轮廓，结合绞、蜡染，使画面厚实、丰富、有趣。如图5-27、5-28，圆地毯上的绞缬与蜡缬融合的拼布，斑斑驳驳，以及同一色染布上运用了接针绣之后，在视觉上使得拼布和染布变得扎实又牢固，有一种质感美。此技法费时，但呈现的画面效果给人极强的视觉冲击力。

图5-27 同色系染布与接针绣拼置　图5-28 绞、蜡缬与接针绣的拼布

4. 传统绞、蜡缬技艺的解构与重构方法

在绞缬与蜡缬融合进行解构与重构过程中，涉及绞缬与蜡缬技艺融合的不同技法，解构是一种很常见的风格，解构重点不在于分解，而在于如何选择和组合。分解重构就是把一个完整的物体按照特定的形式分成几部分，再根据一定的构成原则重新组合新形象，分解和重组包含着无序的破坏和有序的重组两个过程。将绞缬与蜡缬原有工艺、技法、图案特征的提炼和强调并结合绞缬与蜡缬技艺融合要体现的主题，将这些技法、图案进行选择和组合，在此基础上利用多种表现手段提高绞缬与蜡缬技艺融合的

创新,提高家居产品的主题创新,达到一种"似与不似之间为妙"的艺术效果。其解构与重构表现方法如表5-3。

表5-3 解构与重构表现方法

解构与重构的表现方法	并列是将物体或物体中某一元素进行并列组合
	混合是对多个物体进行分析,重新组合为新形态
	分解是对物象加以分割、解体、抽离出新形态
绞、蜡缬技艺并列	绞缬技艺中筒扎与夹扎并列法
	蜡缬技艺中封蜡与冰纹并列法
	绞、蜡缬技艺中缠绕与龟裂纹并列法
绞、蜡缬技艺混合	绞、蜡缬综合技艺及工具扎结相混合
	绞、蜡缬技艺及多种染色技艺相混合
	绞、蜡缬图案的解构与重构方法

通过对传统绞缬与蜡缬技艺进行并列、混合形成新形态,再在新形态基础上对其绞、蜡缬图案进行解构与重构。

(1)绞、蜡缬技艺并列的解构与重构方法

绞缬具有很典型的唯一性,具有自身独特的艺术魅力。首先,绞缬肌理的变化是不可重复的;其次,它色彩交融的变化是无法预测的。绞缬的很多效果是无法想象的,而有的艺术手段和效果又能够很好地把控。蜡缬的独特魅力在"冰裂纹",自然形成或是人为表现。以并列方式,将绞缬或蜡缬的某一元素并列组合凭借多种手段进行表现。

①绞缬技艺中筒扎与夹扎并列法

"筒扎与夹扎并列法"是指将绞缬技艺中的筒扎与夹扎技艺在织物上进行并列组合,提炼了绞缬中工具扎结和夹扎两种技法,以并列的手段进行创新,这些扎法扎出来的效果都是可以预见的,该技法适合做局部装饰,类似在桌布、桌旗一角,抱枕、装饰画,尺寸较小的布织品,效果更佳。如图5-29、5-30,借助身边可利用的工具,如竹筒、小木块夹板、粗细线绳等作为辅助工具,因图而异,对其需要某种技法的部分实施操作,局部夹扎后再进行整体捆扎。在其创新过程中,发现在两者技艺之间还可掺入包物法。

图5-29 竹筒工具扎结　　图5-30 木条工具夹扎

②蜡缬技艺中封蜡与冰纹并列法

"封蜡与冰纹并列法"指将蜡缬技艺中的封蜡与冰纹进行并列。在封蜡过程中，介于麻布的粗与糙的特性，大胆地尝试利用刷子工具对上下局部进行刷蜡，手法要轻盈、快，把握好蜡流出的量与蜡的温度。这种手法其实是在冰裂纹的基础上因根据自己所要表达的画面感而做出的技法表现，有意或无意地刷出沙子或河流的感觉，此技法可制作洒脱、超逸不羁风格的大图，在大空间中能具备一种先入为主的领先感。其冰裂纹的处理需要大量的封蜡，待冷却后，根据个人所需可选择自然裂纹或人为裂纹的处理。对于冰裂纹的效果就要考虑蜡的选择或者两种蜡综合。如图5-31、5-32通过实践得到，将封蜡与冰裂纹进行并列的创新手法是可行的，甚至可有更多的尝试。

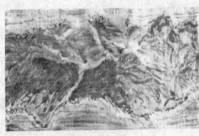

图5-31 大量封蜡与冰裂纹　　图5-32 少量封蜡与冰裂纹

③绞、蜡缬技艺中缠绕与龟裂纹并列法

"缠绕与龟裂纹并列法"是将绞缬中的缠绕技艺与蜡缬中的龟裂纹技法并列同构形象。在对棉布上的构成进行封蜡表现后根据画面效果需求做两种选择：其一，选择在蜡未干时对棉布缠绕扎结，可以随意自由地对其局部或整体进行旋转折叠等；其二，选择待蜡干后完成自由的缠绕扎结，然后用线绳进行缠绕捆扎后浸染，染色时要注意上色均匀，如图5-33、5-34，其画面简略或抽象，还带有神秘感，此技法既可制作时现谜影风格，又可制作线条变化丰富、斑驳感的画面，当然，画面也因布料而异，因蜡温而异。将此技法应用在桌旗、床品、帘类、桌布等布织品中，弥补空间中的单一感。

图5-33 蜡液未干呈现效果　　　　图5-34 蜡液干呈现效果

（2）绞、蜡缬技艺混合的解构与重构方法

在绞缬和蜡缬工艺上有着丰富的表现手段和技法，可将两种工艺中的多种技艺进行重新组合打造新的形态。

①绞、蜡缬综合技艺及工具扎结相混合

将身边可用工具收集，倡导回收利用的理念，如身边常见的工具毛笔、水彩画笔、墙刷、废弃牙刷、剪刀、渔网碎片、竹筒、形状不一的小石头、发卡、沫棉、（镂空）树叶、碎布、针头等。一张完美的画面可以借助不同工具进行构图，如图5-35，在画圆时，根据大小，可用圆碗、圆酒杯、矿泉水瓶盖等绘制，而在大圆形封蜡时，为了节省时间，先用小号蜡刀描边，再用大刷封蜡；如图5-36，根据画面需要，采用牙刷封蜡表现斑驳小石子的感觉。将绞缬工艺中的平针线缝和绕针线缝技法、夹扎技法、包物技法、任意皱缩技法与蜡缬工艺中的刻蜡技法、折蜡技法、泼蜡技法相混合，如图5-37、5-38，绞缬的不同技法所表现出的不同晕色迹象，以及蜡缬不同技法所表现出木刻版画语言的点线轨迹和偶然性裂纹，使画面有一种新视觉的产生。多种技艺混合的创新手法，对构成的要求要高，尝试很重要，如将蜡干的布与水泥地面的摩擦效果也很独特。将技法灵活应用于桌旗、装饰画、桌布、抱枕等方面，打造空间温暖、舒适感，体现主人公雅致、高品质的生活态度。

图5-35 不同工具构图绘蜡

图5-36 利用废旧牙刷绘蜡

图5-37 毛刷泼蜡　　　　图5-38 多种工具刻刮蜡

②绞、蜡缬技艺及多种染色技艺相混合

"绞、蜡缬技艺及多种染色技艺相混合"指的是在原有的技艺基础上，将绞、蜡缬技艺及多种染色技艺相混合，重新组合为新形态。根据心中所想画面，在绞缬与蜡缬技艺融合的基础上进行多种染色技艺相混合的创新手法，在完成绘蜡、缝或扎结的同时，可选择单色或多色染色技艺，也可以选择单色与多色交融，如图5-39、5-40，还可以将布浸湿后，把染料洒在桌上，挤水分，拿手赶染料的浑然法，以及使用多种浸染工艺，如聚集浸染、注染、吊染、段染、渐染、拔染等，染色时注意顺序，把握时间。

图5-39 浑然法、吊染、渐染等　图5-40 聚集浸染、注染、段染等

③绞、蜡缬图案的解构与重构方法

将绞、蜡缬融合所形成的完整图案或元素形象，通过打散、分解、残像、裂像切割、重组等形式来组织图案，使人从"解"与"重"的部分产生联想、思考，从而领悟图案与内涵和设计主题。

A. 残像

"残像"是指对一个完整形象进行有意识的破坏或者是在完整形象的多处采取掩盖方式，让被破坏的局部形象与主体形象之间保持一定的关联性。该技法大胆、豪放、自由，空间营造感极强，适用于不同大小布织品。如图5-41，在一块拥有完整的绞、蜡缬图案织物上有意识地对多处部位进行掩盖，并且仍然与主题形象保持一定的联系。通过残像解构方法对原有的画面形象上进行再次重构后，呈现不同的视觉，画面更生动化、形象化、幽默化。

图5-41 残像解构与重构

B. 裂像

"裂像"是指有目的地割裂分离一个完整的画面，或者是分割后移位，又或者是破碎后处理，再利用感知的恒常性和理解性来构成完整的意象画面。该技法体现效果呈隐约性、神秘之感，更适用于小型类布织品，做局部空间点缀。如图 5-42，通过一系列的割裂、分离、移位等解构处理，根据内心所想进行重构再现画面，画面表层看似由破碎的大小块面拼凑而成，简单而朴素，需细心品赏其内在美，所谓一个形象的毁灭，也是一个新形象的诞生。

图5-42 裂像解构与重构

C. 切割

"切割"通过运用不同的切割方法，如曲线切割、十字切割等。其一，曲线切割是一种自由、不受任何限制的切割形式；其二，十字切割是将物体元素按照几何坐标比例进行切割，将不同的内容放入切割的形式中产生不同的变化，经过添加和重组，从多个方面增强对绞、蜡缬图案进行一种表达模式的内涵。此种技法效果是无序与有序之间的摩擦，是具与象之间的碰撞，在空间中营造一种是与非或似与不似的视觉冲击力，激发人的内心遐想。

如图5-43，曲线切割，完整的绞、蜡缬图案进行自由切割、解体后，通过不同画面、不同角度对抽离出的画面再次重构新的形态，这种画面的呈现给人一种清新的现代感和节奏感；如图5-44，十字切割，在几何构成的基础上将经过了切割的绞、蜡缬图案进行重新组合，图案不论是在形式上或是内容上，均能产生出一种新奇、意想不到的效果。

图5-43 曲线切割　　　图5-44 十字切割

（三）传统染缬设计领域应用

传统染缬在设计领域的应用较为广泛，当代生活中很多领域的设计都离不开绞、蜡缬技艺，比如使用绞缬与蜡缬技艺制作的艺术产品既能满足人们的审美需求，又可以调和生活环境及发挥实用性。传统染缬在生活家居品、装饰品、服装等室内装饰领域得到广泛应用。

1. 传统染缬在生活家居设计中的应用

传统染缬工艺产品广泛应用于家居，为了适应当代人们的生活需求，目前印染家居产品的生活性应用更加突出，在设计、材质、色彩等方面采用染缬软装饰的家居产品随处可见，常见的床上用品、壁挂、挂帘、椅垫等，如人们通过使用染缬抱枕来表达家居环境的风格，同时在满足其物质属性需求的前提下，也揭示了使用者的精

图5-45 染缬抱枕图片

神面貌和气质个性。如图 5-45 所示，蓝色与白色之间营造出一种自然、清新、自由的氛围。

2. 传统染缬在装饰品设计中的应用

随着现代社会的飞速发展，人们的审美需求和精神需求在各个方面都有所增加，对传统文化的传播，人们对传统工艺产品的需求也越来越高，如化妆盒、手袋、挂坠、头饰、耳饰产品等，从当代美学的角度来看，以简约、质朴融入设计的个性中，让人们在品尝到手工艺品中多样而独特的纹样所带来的味道，如图 5-46 所示。

图5-46 耳饰、方巾、镜子、发箍

3. 传统染缬在服装设计中的应用

传统染缬在南北朝时期已广泛用于服饰，由于工艺的复杂染缬工艺逐渐没落，之后在西南地区少数民族广为流传。湖南湘西、贵州黔东南、云南大理周城等地区的少数民族运用染缬工艺制作家庭布艺、传统服饰、名族服饰。2004 年 Prada 的高级女装系列中运用大量的段染工艺，开创了高级时装引领乡村风格的先河，推动了染缬工艺的全球化流行。从 2004 年至今几乎每一年的服装发布中都能看到染缬工艺的身影，如图 5-47。将传统染缬图案与时尚卫衣、棉麻裙服装的结合，树立了个性鲜明的服装风格，如图 5-48。

图5-47 Prada高级女装

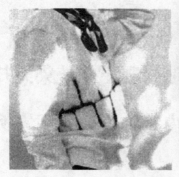

图5-48 染缬卫衣、裙

第六章 "经世致用"造物观下传统染缬技艺
在现代室内装饰中的应用案例

  如今，回归自然、绿色环保的生活方式和生活理念被越来越多的人认可和追捧，对居住环境（包括居家和旅游等）的要求也在不断提升，染缬艺术开始逐渐进入人们的视野，作为传统的手工印染技艺，它运用的织物和染料都是天然材料，具有绿色环保的优势。因此，将传统染缬技艺应用于现代室内装饰中，对传统染缬图案、色彩和染色工艺等元素进行整合，深入挖掘我国古代传统染缬的历史文脉与文化价值，然后结合现代艺术设计进行再创作。以"经世致用"造物观为主旨，"因用制器，以用为本；因地制宜，因材施艺；因用而变，不拘一格"，让染缬技艺回归到百姓的生活中。

  本章选取传统染缬技艺在当代家居产品和主题酒店室内装饰中的创新应用案例，将"致用"作为基本出发点和价值判断标准，设计内容主要以纺织用品为主，以多种染缬工艺及拼布技艺综合应用，更遵循绿色环保与创造艺术理念，充分结合当代精神文化与审美理念进行创作，设计风格清新、自然、简约又能够展现传统染缬艺术文化的魅力。

一、"经世致用"造物观下传统染缬技艺在当代家居产品中的创新应用案例

  将传统染缬创新应用在当代家居产品中可视为一种家居艺术尝试，有利于探索染缬可持续传承与发展，拓宽当今社会染缬技艺的发展道路；更

有助于手工艺产品在消费品中获得新的优势,拓宽民族文化产品开发、发展、推广之路。设计核心以"静"为主,搭配新中式氛围或现代简约装修空间,具体陈设空间可包括新中式和现代居室的客厅、茶室空间、书房等,增强用户体验和提升品牌价值。

(一)设计构思

现代经济一体化,科技大力发展,快节奏的社会生活环境,使人们对生活品质更为注重。在国家保护非物质文化遗产政策的指导下,民族手工艺逐步复兴,并且迎来了大众的追求与热爱。

其一,国家高度重视非物质文化遗产及对非遗传承人的关注,它对中华优秀传统文化的"活传承"起着至关重要的积极作用。其二,随着新时代人们物质价值与精神价值的提高促进了传统手工艺的再次兴起,取之于自然用之于自然,最后又重归于自然,更成为当代人们新的生活理念。因此,具有中国民族特色的绞、蜡缬颜色基调符合当下的色彩审美趋势。同时,绞、蜡缬图纹也极具艺术性,赋予了当代家居产品更多的自由创作空间和新的艺术表现形式,从而延续了绞、蜡缬的艺术传承生命力。采用绞、蜡缬技艺融合创新的家居产品拥有极高的自由度、自主性和创造性,以抽象、不可复制性的画面效果来诠释创作者的内心感受,传统绞缬与蜡缬技艺融合既吸收了传统的自然美,又结合了当代视觉审美,让传统绞、蜡缬在当下一直保持生机盎然,活力旺盛。

自觉地参与和保护传统绞、蜡缬工艺,通过采用传统绞、蜡缬工艺制作系列家居产品,将其创新应用于家居环境中的茶室、客厅等多种空间,用来增加空间的幽静感、雅致感和满足追求生活艺术个性的需求。

(二)设计定位

本次设计主要是将传统绞缬与蜡缬技艺融合创新应用在当代家居产品中,从调研分析中来看,热衷于购买染缬家居产品的消费者对产品质量安全问题很看重,绞、蜡缬家居产品运用纯天然植物染色技艺和手工制作,绿色环保,质朴天然且具艺术性,另外大多消费者喜爱纯棉、麻布料,这些都是消费者的购买关注点。

1. 产品定位

传统染缬家居产品既具有视觉观赏性，又具有装饰性，朴素自然的风格独树一帜，在艺术性和个性化的品质上明显区别于其他家居产品，采用天然植物染料，具备亲肤、绿色、健康、环保的产品形象。因此，可以根据染缬家居产品为消费者所提供的消费利益进行产品定位，在设计家居产品造型时，可以最大限度地突出家居产品的自然生态化、艺术性和时效性。

当消费者选择这类家居产品时，具体的提供染缬家居产品的好处，根据市场调查发现，大多数消费者更喜欢棉、麻面料，所以产品定位在棉、麻面料，成本适中，质量容易把握，将染缬家居产品定位在高端产品上，大多数消费者都能接受产品的价格。

2. 人群定位

本次家居系列产品设计是对传统绞缬与蜡缬文化的凝聚，体现了人与自然和谐共存的生态理念，更是对当代审美追求品质体现个性的寄托，如表6-1 所示。

表6-1　人群定位

热爱手工艺术并注重精神层面的艺术追求者	手工染缬家居产品美且有灵魂，对于热爱手工艺者，想要满足的是精神上需求，追求内心的一处温暖。这类人群钟爱染缬产品，任何时候对其产品都很欣赏
对染缬文化了解、喜爱的不同年龄段人群	该类人群了解染缬文化，且喜爱收集、购买与染缬相关的产品。染缬家居产品能起到装饰点缀的效果，能满足当代人们的审美和精神文化的需求
审美情趣较高的青少年与对生活品质有更高的要求的时尚白领	染缬家居产品通过绞缬与蜡缬技艺融合，结合手工接针绣技艺，拼、缝组合创造的强烈视觉冲击力，素雅，又彰显个性化、艺术性氛围，蓝白之间尽显其美

（三）设计主题

1. "轨迹"主题系列

在作品《轨迹》系列中主要表现出一种"时间轨迹"，四季交叠的画面感，日复月，月复年，周围的事物来来去去，蜡缬产生随意自然的"冰裂纹"与绞缬线缝、捆扎轨迹融合重叠，在无序与有序的碰撞下，营造一种在朦胧未知的迷雾中仍坚定思索的意境，如古老的石墙，内敛、迂回、细致、苍拙。该系列作品主要营造一种"回归故里"、返璞归真的情感氛围，与当下社会、生活方式形成对比，给予当下人们的生活环境、生活空间增添自然、简约又不失高品质的情调。

2. "漫妙"主题系列

在作品《漫妙》系列中主要表现出一种万物的生息，吐纳有序，一任自然，或平静执着或苍劲茂盛，以此主题思想来满足当代人们渴望回归自然、平静的生活状态。该作品体现出当下人们的一种生活态度，快节奏的生活，冰冷、枯燥的钢筋水泥式生活空间和追逐名利的生活环境等乃当今人们的生活写照，人们开始想极力逃脱重围，渴望怀旧儿时般简单、平静、自然的生活状态，抱有更高思想层次的生活态度。

本次设计的系列家居产品将传统绞、蜡缬技艺融合的特殊艺术语言（使用生活中随处可见的工具，通过抽象的绘图语言来表达美好正在路上，生活充满艺术气息，向往回归自然的设计情感）与家居产品中装饰壁挂、桌布、茶旗、抱枕等系列产品进行融合创作，利用手工艺接针绣将所有绞、蜡缬图案进行拼布组合，出现不规则抽象化装饰图案，应用于茶室空间，使其空间融入自然质朴的艺术氛围。

（四）设计实践

1. 设计制作实施

（1）设计提案

①以抽象图案为主，天蓝色为基调，结合绞缬晕染的特征和蜡缬自然冰裂纹的特征进行手绘图案。整体画面效果简洁生硬，局部画面效果佳。

②以湖蓝色为基础，提取绞缬和蜡缬局部好的图案，用水粉笔纸进行绘制图案。绘制过程烦琐，但效果不突出，整体画面效果传统老套。

③以实践为主，提取以上好的图案创作体验。不可预知性较大，画面效果与以上绘制草图存在极大差异。因此选择在实践中提取图案，经对比归纳总结，进行后续设计。

（2）材料选择

以天然土棉布为主，棉麻少许，选择棉麻布料结合的原因是：其一，质感不同形成强烈对比；其二，染出的效果形成鲜明的对比；其三，棉、麻布料价格适中，受大众喜欢，相对其他布料而言，如绸、丝、夏布等均适合衣物、窗帘方面的产品，而棉与麻更符合本设计效果的呈现。染色材料为绿色环保的植物染料。

（3）色彩选择

以蓝、白为主色调，两种颜色的对比营造出简约自然、朴素的寓意。蓝、白色组合营造出一种素雅的感觉，并赋予其宁静祥和的寓意，且蓝白二色的结合营造简洁淡雅之感，构成宁静平和的意蕴。蓝白绞、蜡缬给人以宁静而包容的天空印象，这也是中国传统染缬艺术最喜欢的配色。

2. 绞、蜡缬技艺制作过程

构思过程：绞、蜡缬的构思在一般情况下，都会进行一定的小图样操作，选择专用溶于水的蓝色彩笔在棉布上绘形，根据意象绘形进行不同技艺的糅合创作。

绞、蜡缬技艺过程：绞是绞缬技艺中最为关键的一环。绞的成败决定了成品的图案、颜色和染色后的图案布局，它也是展示绞缬技术水平最重要的环节，称为"二次创造"。运用绞缬技艺需根据创作作品的繁简程度来决定，运用平缝、折缝、卷缝的技艺及夹扎与工具扎结技艺，其中缠绕法用的频率较多。而蜡缬以蜡作为防染剂，将溶蜡绘制图案于布料上后再以蓝靛浸染，浸染的过程中会自然产生冰裂纹现象，这种绘制图案与自然冰裂纹效果形成蜡缬图案的独特魅力，因此运用冰裂纹的处理方法会更频繁，有刻蜡、折蜡、随意龟裂纹、擦蜡等技法。

染色过程：染色分为热染和冷染两种工艺，绞、蜡缬通常以冷染为主，将脱浆之后的绞蜡棉布放入天然植物染料中。进行染色时，第一遍至关重要，这一步做得不好，直接影响最终的画面效果。浸泡3~5分钟，取出并摊开棉布放置在空气中进行氧化2~3分钟，这个步骤反复2~3次，然后取出脱水晾干，建议自然风干。

拆线与褪蜡过程：绞、蜡缬作品经过染色完成后，需进行拆线松绑和褪蜡这一步程序。使用线缝技艺的棉布在拆线时需要细心和耐心，有可能拆崩一条线就会影响画面的精致度；而褪蜡也是需要勤快和耐心，掌握好火候的同时要勤于热锅中翻捣布，以免褪蜡不干净，因二次褪蜡会直接影响色调的丰富性，因此拆线和褪蜡很重要。

漂洗晒干过程：绞、蜡缬作品最后的一阶段，进行处理晾干，以展现整体画面效果。最常见、常用的方法是用清水冲洗，当然也有漂白粉和清水漂洗。为的是让绞、蜡缬作品该亮的地方更亮，这也是处理画面明暗效果的一种方法。

（五）设计说明

不同系列的绞、蜡缬作品分好类后，根据构思有目的地进行拼布设计，本设计将拼布艺术应用于家居产品中，可以让人们更多地去接触和理解拼布艺术及其美感，通过拼布的肌理美、色彩美和制作方法等方面再次融合创新，使画面再现个性化。

1. 《轨迹》系列说明

《轨迹》系列家居产品主要包含茶（桌）旗、杯垫、茶盘垫、抱枕、椅垫。

（1）茶（桌）旗，设计说明如表6-2所示。

表6-2　茶（桌）旗设计说明

尺寸	1800*350
设计手法	运用裂像解构与重构方法，构图上在不规则与规则之间做重构表现，组合新形态
色调	湖蓝底布，整体画面蓝白基调形成强烈对比
缝制技巧	由于拼布块面大小不一，在缝合时需考虑缝线美观和构成的衔接，尽量以单排线为主
创新要点	增强画面的灵活度、自由度，拼布之间、图与图之间是"形"与"神"的交汇
注意事项	画面丰富，缝制过程避免破坏原形态
适用空间、环境	复古、质朴、高雅等茶居室空间、环境装饰
设计效果	

（2）杯垫，设计说明如表6-3所示。

表6-3　杯垫设计说明

尺寸	80*80、100*100
设计手法	运用十字切割解构与重构方法，构图上整体以几何方块的形式进行拼贴组合，在局部采用小碎块作为点缀
色调	整体画面是深浅蓝＋白基调
缝制技巧	画面丰富的杯垫运用接针绣缝合时，考虑从繁到简；反之，将以多种接针绣绣法的融合去创造画面感，线与线之间做比较
创新要点	图案之间的呼应形成亮点，抽象中隐藏着神秘之美
注意事项	主要根据拼布轨迹来进行手工缝合，其针线间距的把握是关键，直接影响最终画面效果
适用空间	百搭装饰物均可适用。其在不同空间都会点缀不一样的氛围感环境
设计效果	

（3）茶盘垫，设计说明如表6-4所示。

表6-4　茶盘垫设计说明

尺寸	480*320、350*280
设计手法	运用残像解构与重构的方法 其一：在尺寸为480*320毫米整体绞、蜡缬棉布上，用系列绞、蜡缬图案有意识地进行多处掩盖来重新组合 其二：尺寸大小350*280毫米，构图饱满，以几何形重叠进行有序组合，在局部用深色作为构成分割点
色调	整体蓝＋白基调，局部深蓝点缀，形成对比

续表

缝制技巧	拼布缝合一款采用双排线，另一款则以单、双排线缝制
创新要点	让其在色彩、画面上都达到一种突出、具备层次感效果，且掩盖部分与主体之间仍保持相关性
注意事项	重点取决于画面如何衔接
适用空间、环境	在每一个空间的局部都可放置，或衬托茶具、摆件、餐具、花瓶等
设计效果	

（4）抱枕，设计说明如表6-5所示。

表6-5 抱枕设计说明

尺寸	450*450、500*500
设计手法	运用分解解构与重构方法 两款抱枕在构图形式上以不同绞、蜡缬图案加以分割、解体再重新组合新形态，以几何块为主
色调	蓝 + 白基调
缝制技巧	由于画面饱满，因此在缝合上，针法会更自由、随意些，针距较宽，这样会使得画面更协调、自然
创新要点	根据知觉反应和理解进行拼凑，创造出新的形象
注意事项	避免画面混乱，主次不分
适用空间、环境	中式、复古、简约、田园、日系、古朴的空间环境中
设计效果	

（5）椅垫，设计说明如表6-6所示。

表6-6　椅垫设计说明

尺寸	450*450
设计手法	运用裂像解构与重构方法，将系列绞、蜡缬图案破碎处理，所有碎布凭借意念来构成画面
色调	蓝＋白基调
缝制技巧	缝合主要起画龙点睛之效，由于碎片拼贴，每一针都很关键，采用多种排线技法，如平线、斜线等，或是针距疏密结合来缝制
创新要点	画面上：不规则之间流露出抽象化视觉，韵律感十足；色彩上：主打基调蓝白，体现层次感
注意事项	针法区别的衔接性
适用空间、环境	中式、复古、简约、田园、日系的空间环境中
设计效果	

2. 《漫妙》系列说明

（1）背景墙装饰挂布，设计说明如表6-7所示。

表6-7　背景墙装饰挂布设计说明

尺寸	1200*800
设计手法	运用了切割中的十字切割解构与重构方法，几何构成画面的视觉感很强
色调	蓝＋白基调
缝制技巧	缝合主要采用单排线或单斜线，局部双排线，简单大气
创新要点	绞、蜡缬手工装饰挂布呈现的是一种精神、文化、艺术个性的存在，主要想表达一种回归自然，平静的心境，画面四周丰富多彩，往中间部分慢慢趋向平静，选择单色块面为主，再加以点缀，同时整个画面的色彩从不同方向、不同层次上深浅交叠

注意事项	色彩不一，线形呈现效果
适用空间、环境	展馆、居室、茶室、客厅等空间的墙面上
设计效果	

（2）装饰木框画，设计说明如表6-8所示。

表6-8 装饰木框画设计说明

尺寸	200*250、230*230、230*280、800*200
设计手法	运用了切割与裂像的解构与重构方法，几何造型中添加新形象，有序与无序的融合拼贴，或重叠或错乱
色调	蓝＋白基调
缝制技巧	单、双排线综合，规整或不规整
创新要点	画面整体通过强调对比和统一的蓝白色调方式进行搭配拼接，结合精美的接针绣技艺进行手工再造艺术，创造具有艺术、涂鸦风格等视觉的家居产品，并将手工艺产品特有的人文情愫为当代茶室空间增添别样情调
注意事项	单一针法形成对比
适用空间、环境	展馆、居室、茶室、客厅或者桌面、台面、墙面等多种空间
设计效果	

（3）桌布，设计说明如表6-9所示。

表6-9 桌布设计说明

尺寸	1500*1500
设计手法	运用几何切割与裂像综合的解构与重构方法，构图在几何造型的基础上将破碎布有目的地添加和重组
色调	湖蓝底布，蓝＋白基调
缝制技巧	单、双排线，随形缝制，在该作品中缝合主要起点缀作用，先确定中心点后，向四周延伸，规则与不规则之间的碰撞，打破画面的平静感
创新要点	再通过接针绣的点缀，使画面彰显出肌理感与秩序感。手工艺产品需细品品赏
注意事项	避免画蛇添足
适用空间、环境	中式、日系、复古等空间作为桌布、台布、装饰物来美化环境
设计效果	

（4）蒲团，设计说明如表6-10所示。

表6-10 蒲团设计说明

尺寸	直径300*100
设计手法	运用了残像与裂像的解构与重构方法，构图在原有绞、蜡撷形象棉布上，结合裂像手法中形象抽离进行综合拼贴画面
色调	湖蓝底布，蓝＋白基调
缝制技巧	随形自由排线，或曲线或直线
创新要点	在茶室空间，借助蒲团的巧妙搭配，能拉近人与空间的距离感，以涂鸦风格画面展现，自主搭配拼缝，针法各异，尽显个性化，该画面似梦幻，给予人一种好奇心
注意事项	缝制时考虑造型

适用空间、环境	日系、木质、中式、民宿等空间
设计效果	

综上所述，整个作品最终以拼布设计为主，将绞蜡缬图案、肌理、色彩等进行提取营造出抽象神秘的国潮特色，活化绞、蜡缬在家居产品中的应用。从审美角度看，将瞬间的视觉状态进行再现，画面解构再重组，与线条交织在一起，蓝白相间，独一无二，且流露着新生命力的画面感，给人营造不一样的视觉感受，一缬一蜡，一针一线皆是美的创造。同时也可以通过图案色彩与家居产品之间的色彩对比，拼布的虚实、强弱关系等，将绞、蜡缬家居产品发挥最大限度的装饰功能及实用价值。

（六）设计展示

1.《轨迹》系列展示（图6-1至6-5）

图6-1 《轨迹》系列效果　　　　图6-2 《轨迹》系列效果
　　展示1：茶（桌）旗　　　　　　展示2：茶盘垫

图6-3 《轨迹》系列效果展示3：杯垫

图6-4 《轨迹》系列效果
展示4：抱枕

图6-5 《轨迹》系列效果
展示5：椅垫

2. 《漫妙》系列展示（图6-6至6-11）

图6-6、6-7 《漫妙》系列效果展示1：背景墙装饰挂布

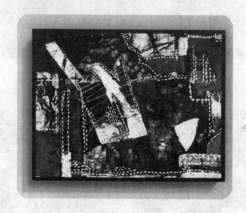

图6-8、6-9 《漫妙》系列效果展示2：木框装饰画

图6-10 《漫妙》系列效果　　　　图6-11 《漫妙》系列效果
　　展示3：桌布　　　　　　　　　　展示4：蒲团

3. 整体效果展示（图6-12至6-18）

图6-12 整体效果展示1

图6-13 整体效果展示2

图6-14 整体效果展示3　　　　　图6-15 整体效果展示4

图6-16　整体效果展示5　　　图6-17　整体效果展示6

图6-18　整体效果展示7

二、"经世致用"造物观下传统染缬技艺在主题酒店室内装饰中的创新应用案例

　　最能表达主题酒店"主题文化"的一种方式则是酒店的软装设计，将传统染缬艺术运用在现代主题酒店软装设计中进行研究，有利于探索染缬艺术的全面可持续传承和发展，拓宽染缬艺术在当下社会的发展路径，从而使其在现代主题酒店空间中焕发出新的生命力，增强传统染缬技艺的"活态"建设，体现出酒店特定的文化品位和精神取向。

　　将传统染缬艺术应用在主题酒店的软装设计中，是染缬艺术实用价值和审美价值的充分体现，本书结合理论研究再进行实践创作，以"经世致用"为目的，合理开发传统染缬艺术元素在主题酒店软装设计中的构成运用，探索染缬艺术在主题酒店软装设计中应用的可能性，拓宽和丰富主题酒店软装设计的范围，设计风格清新、自然、简约，又能够展现传统染缬艺术文化的魅力，设计内容主要以纺织用品为主，以不同色系的染缬色彩为主题，创作出三个系列的主题房间软装设计，呈现独特的视觉效果，将它们分别命名为"木蓝""苏木"和"栀子"。

"木蓝"系列在软装各个单品的染色上，深蓝色、浅蓝色和灰蓝色相结合，像天空和大海的颜色，整体效果干净高级又优雅含蓄，在远离尘世喧嚣的环境中给人舒服、可靠的感觉，能够安抚人们焦躁的情绪。

"苏木"系列整体色彩效果区别于高饱和度的红色，不张扬，也没有黑白灰无色彩系的冷淡，是一种温柔且低调到刚刚好的颜色，有一种粉色浪漫的少女感和低饱和度暖色调的温柔，粉色的浪漫加上白色的纯洁，给人一种温和的高级感和无法抗拒的柔暖诱惑，为整个素净的主题房间提升了格调。

"栀子"系列的黄色系主题房间的软装设计，暖意十足，用栀子染出来的黄色色彩明亮，充满阳光气息，但同时又带有一丝丝冰冷感的色调，娇柔而温和，给人一种清新自然的视觉效果，拥有马卡龙色系的甜美，给人积极与乐观的情感暗示和无尽美好的感觉。

（一）染缬艺术在主题酒店软装设计中应用的设计理念

1. 简约设计的理念

简约设计的理念不仅适应经济迅猛发展的现代社会对信息传播的要求，既高效快速，而且符合现代人渴望摆脱快节奏工作带来的精神压力，寻求宁静和秩序的审美心理。在提倡绿色环保的今天，简约所追求的节俭与可持续发展观念不谋而合，简约是一种生活态度、一种生活方式，更是一种审美追求，运用简约设计的理念也是符合现代社会经济发展、文化价值观、道德伦理和精神文化需求发展的趋势。

将染缬艺术运用在主题酒店软装上，放弃在造型设计上标新立异的做法，整个设计不能只是将传统染缬艺术元素的简单堆砌，而是要进行高度的概括，做到最大的简约，让顾客在旅居环境中能体会到这是一处倦鸟归来的港湾，安静而纯朴的环境设计能够安放心灵并且洗涤尘世的纷扰。

2. "天人合一"的理念

中国传统文化在几千年的发展变迁中形成深厚而独特的思维模式，人们通过探寻万物的和谐统一，追求内心的安宁与平静，便形成"天人合一"哲学思想。古代造物设计除了要考虑造物的使用功能，还要明确使用者的人文精神和自我意识，在人、物、天地之间建立一种情感联系，因此，材美工巧的设计思想就是要拥有顺物应然、合乎天道的思想观念。

传统染缬艺术拥有深厚的文化和审美积淀，将其运用在主题酒店软装设计中，能够形成基于人们现代审美认可的酒店软装设计风格，从而达到既能具有染缬艺术美感又能与现代美感相结合的物美质优的目的，深刻体现"天人合一"的哲学思想。

3. 绿色环保的理念

在全球经济飞速发展、环境问题日益凸显的今天，人类与自然环境和谐共处被认为是时代性问题，社会发展正在迫使人们生活方式生态化，在国家政策及国民生态意识觉醒的背景下，在设计中体现低碳环保必定是未来市场上的主流设计理念，染缬艺术在主题酒店软装设计中的应用同样也需要体现出生态含义，"绿色"不仅是一种颜色，它的含义是推崇自然生态的目的，要在设计作品的创作和使用的整个过程最大环保利益化，来降低环境污染和减少对生态平衡的破坏。

因此，设计的绿色环保理念首先就体现在材料的运用是不是低碳环保的，本设计方案运用天然的棉、麻、丝绸等天然纺织品材料，以及运用植物作为染材的天然染料，保证材料无毒、无害、无污染，做到真正的绿色环保，使居住环境更加安全健康，做出符合人类发展的设计，最大限度来降低我们赖以生存的生活家园的污染指数，是当下所极力提倡的绿色、生态、环保的设计理念和设计原则的体现。

（二）染缬图案元素的应用

在我国丝绸之路沿线的甘肃敦煌及新疆等地出土了大量早期染缬实物，根据染缬遗存及史料分析可以看出，大多是小点状的图案，也就是"鱼子缬"

和"醉眼缬",也有一些条纹状、菱形网格状和动植物纹等图案,在唐诗中也出现过很多其他纹样的染缬图案,比如方胜缬、团宫缬、撮晕缬等。以下将按照染缬工艺分类分别列出具有代表性的染缬文物图案(如表6-11)。

表6-11　早期染缬遗存

名称	图片	介绍
绞缬		北朝时期的一件绞缬绢衣,服装中图案密度约在1*35px出现一个小点绞缬纹,是一件保存非常完整的绞缬服饰,现收藏于中国丝绸博物馆(图片来源:拍摄)
		新疆出土的唐代棕色绞缬绢,1968年新疆阿斯塔那北区117墓出土 (图片来源:《中国博物馆丛书》第9卷;《新疆维吾尔自治区博物馆》,文物出版社,1991版)
蜡缬		唐代朵花纹蓝地蜡缬绢,此件蜡缬绢的防染技术是结合了蜡染和夹缬两种工艺进行的,在施蜡时先将两块雕版对称地夹住织物,再通过镂空处进行加蜡,最后是解开雕版,进行染色。 (图片来源:网络)
		西凉蓝印蜡缬花绢,新疆维吾尔自治区博物馆藏,吐鲁番阿斯塔那古墓葬出土 (图片来源:《中国博物馆丛书》第9卷;《新疆维吾尔自治区博物馆》,文物出版社,1991版)

续表

名称	图片	介绍
	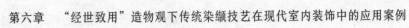	东汉蜡染棉布，新疆维吾尔自治区博物馆藏，1975 年新疆民丰尼雅东汉墓出土（图片来源：《中国博物馆丛书》第 9 卷；《新疆维吾尔自治区博物馆》，文物出版社，1991 版）
		1968 年新疆吐鲁番阿斯塔那出土唐代蜡缬绢（图片来源：网络）
夹缬		唐代花卉纹刺绣夹缬罗，在刺绣织物上钉缝有两块多彩夹缬罗（图片来源：网络）
		晚唐朵花团窠对鹿纹夹缬绢幡，俄罗斯圣彼得堡爱米塔什博物馆藏，20 世纪初敦煌发现（图片来源：俄罗斯国立艾米塔什博物馆；《俄藏敦煌艺术品》，上海古籍出版社，1998 年，第 62 页）

续表

名称	图片	介绍
		唐代绀地花树双鸟纹夹缬絁，多彩夹染，日本正仓院藏（图片来源：正仓院）
灰缬		唐代狩猎纹灰缬绢（图片来源：网络）
		天青地花卉纹夹缬绢，唐代夹缬，新疆维吾尔自治区博物馆藏，1972年吐鲁番阿斯塔那古墓葬出土（图片来源：《中国博物馆丛书》第9卷；《新疆维吾尔自治区博物馆》，文物出版社，1991版）
		唐代宝花水鸟纹灰缬绢（图片来源：网络）

（三）植物染色彩的应用

1. 红色植物染色彩

若要有人问最能代表中国的颜色是什么，那很多人的第一反应肯定是"红色"，即"中国红"，因为红色在中国代表着团圆和喜庆，是美好事物的象征。红色系植物染材主要有苏木、红花、玫瑰、茜草等植物。苏木是典型的红色植物染材，别名"苏方""苏方木"或"苏枋"，主要用干

图6-19 苏木

燥心材染色，运用不同的媒染剂可以染出不同的红色（图6-19）。再比如要用红花染大红色"必以法成饼然后用，则黄汁净尽，而真红乃现也"（宋应星《天工开物》），红花又叫"红蓝草"，具有抗旱耐寒和耐盐碱的能力，在我国西北地区有大量种植，元狩二年（公元前121年）霍去病率军到河西走廊，在焉支山战胜匈奴，《匈奴歌》中有"失我祁连山，令我六畜不蕃息；失我焉支山，令我妇女无颜色"也成为被后人传唱的经典佳谣。唐诗中关于红花有这样的描述"红花颜色掩千花，任是猩猩血未加。"（李中《红花》）形象地描绘了红花奇妙的染色效果，因此红花在红色染料中占有重要地位。

2. 黄色植物染色彩

黄色在中国传统文化中占据重要的地位，是传统纺织品的重要色彩之一，在植物界能染出黄色的植物非常多，比如栀子、姜黄、黄檗、洋葱皮、洋甘菊、槐花等。栀子是用干燥的果实进行染色，栀子果在秋季成熟，会变成橙红色，运用明矾或铁等媒染剂可以染出不同的黄色，色泽鲜亮明快（图6-20）。黄檗自古就是用来染制黄色的植物染材，它的染色部位是去掉外侧褐色表皮及内侧软木质的树皮的内皮部分，运用黄檗染的物品具有

图6-20 栀子果

防虫蛀的效果,因此以前人们会在保管纸品时在旁边放置黄檗染色的物品。它能染出鲜艳的黄色,色牢度相对较高。

3. 蓝色植物染色彩

蓝色在中国文化中体现着一种宁静与质朴,是文人墨客的含蓄与内敛,也是平民百姓的淳朴与自然。在漫长的印染工艺发展中,蓝草是应用最广泛和最重要的一种植物染料,常用的蓝草有木蓝、马蓝、蓼蓝和菘蓝,"青出于蓝而胜于蓝"(《荀子·》劝学),原指靛青染料从蓝草中提炼出来的泥状物,呈带青紫味的暗青色,制作蓝靛包括泡蓝、打靛、沉淀三个步骤,然后还需运用蓝靛建立染缸,染缸建好定时需要养护,需要做好保温和定期检测酸碱值,织物在染缸内浸泡一定时间后提起来在空气中还原氧化,会出现由绿变蓝的反应,颜色深浅由织物染色的时间和次数决定,染时越久次数越多,颜色也就越深(图6-21)。在我国南方地区蓝靛染色运用广泛,有蓝印花布、蜡染和蓝夹缬,因为其色牢度高,深受百姓喜爱。

图6-21 蓝染色彩

(四)染缬艺术在主题酒店装饰设计中应用的制作过程及方案展示

1. "木蓝"(蓝色系植物染主题房间)

(1)制作过程

设计图案,画出线稿。"木蓝"系列图案设计运用了灰缬和绞缬两种染缬工艺结合的方法,绞缬图案主要以几何条纹状为主,运用了竹节染的方法。灰缬图案运用了敦煌藻井图案、唐代画家张萱《捣练图》中仕女的披帛(如图6-22)的龟背花卉纹样。这件披帛图案是在浅蓝色地上,以较深的蓝色弧线构成的六边形为骨架,内填红绿两色的花卉,纹样结构简单,风格优雅柔美,四方连续,满地排列[1](图6-23),将其运用灰缬工艺进行刻板再刮浆染色。

---

① 赵丰,袁宣萍. 中国古代丝绸设计素材图系(图像卷)[M]. 杭州:浙江大学出版社,2016:1.

图6-22 《捣练图》局部①

图6-23 龟背花卉纹样②

制缬。第一种方法是按照设计好的线条用平针缝制，然后再抽筋，用粗线用力绑紧即可；第二种条状纹是使用绞缝的方法，将布按照画好的直线折叠，然后绕圈绞缝；第三种方法是利用竹节，将竹节有次序地排列在平整的面料上，然后再卷起来，用较粗些的绳子用力交叉绑紧，最终呈现不规则的竹节条纹状；第四种方法是运用灰缬工艺，首先将《捣练图》中仕女的披帛龟背花卉纹样进行整理排序，在绘制好的图案型版上用刻刀进行雕刻，形成镂空的型版，再将型版铺在织物上，用刮板将调制好的浆粉（由黄豆粉和石灰粉按一定比例调制而成）均匀有力地漏印在型版下面的坯布上，揭掉型版后将印好图案的坯布自然风干。

染色。先将绑好的面料用清水打湿，然后放进蓝靛染缸，浸泡30分钟左右以后，将面料提起来在空气中氧化，会看到面料会由绿色慢慢变蓝，深色需要这样重复染色5~6次，蓝染需要注意的问题是，因为有些部分扎得太密，为了避免染色不均匀，所以在染色时仍要不停地翻动面料，将折叠在里面不易染上颜色的部分展开，氧化时也需要翻动或喷洒清水让其均匀还原氧化。

清洗。织物染完以后放入水池内反复冲洗干净，直到水基本变清即可。

固色。将织物清洗干净后脱水，在盆内倒入水和专用固色剂，稀释以后再将洗净的面料放入盆内，浸泡20分钟，之后取出直接脱水晾干即可。

拆缬。因为面料缝得很紧也很密，所以在拆线时要特别细心，避免把布拆破。

① 赵丰，袁宣萍. 中国古代丝绸设计素材图系（图像卷）[M]. 杭州：浙江大学出版社，2016: 1.
② 赵丰，袁宣萍. 中国古代丝绸设计素材图系（图像卷）[M]. 杭州：浙江大学出版社，2016: 1.

熨烫；缝制软装套件。

（2）方案展示（图6-24至6-32）

图6-24 "木蓝"系列效果展示1　图6-25 "木蓝"系列效果展示2

图6-26 "木蓝"系列效果展示3　图6-27 "木蓝"系列效果展示4

图6-28 "木蓝"系列效果展示5

图6-29 "木蓝"系列效果展示6

图6-30 "木蓝"系列效果展示7

图6-31 "木蓝"系列效果展示8

图6-32 "木蓝"系列效果展示9

2. "苏木"（红色系植物染主题房间）

（1）制作过程

设计图案，画出线稿。"苏木"第一个系列图案元素运用了最基本的"点"元素——鱼子缬，但与传统绞缬遗存中鱼子缬不同的是，这个"点"是用螺丝钉绞绑出来的；第二个系列的图案设计是使用绞缝的方法制作出树干的形状和肌理，再配上红色系的小花。

浸泡染材。将备好的苏木在水中提前浸泡。

在浸泡苏木的同时对面料进行绑绞，利用日常生活中最常见的螺丝钉，用布将其包裹住，然后用牛仔线固定住螺丝钉。

过滤染液。将浸泡好的苏木用过滤袋进行过滤，绑好过滤袋一同放进染液内，然后加热煮开。

染色。先将绑好的面料用清水打湿，然后放进染液进行煮染，在染色过程中要不停地翻动，以防出现染色不均匀的状况，颜色的深浅由煮染的次数和时间决定。

明矾媒染。染色30分钟以后将面料在清水中清洗一遍，然后放入准备好的明矾媒染液里，媒染的过程也需要翻动，使面料媒染均匀，媒染20分钟，发现面料颜色出现轻微的变化。

继续染色。第一遍染色和媒染之后颜色还不够，需要继续染色，深色的还需重复染色、明矾媒染步骤7遍，加深颜色，浅色部分染2~3遍即可。

拆缬。将染好的面料洗净拧干后进行拆线，纹样效果基本展示出来。

熨烫。将拆完的面料洗净晾干以后熨烫平整，按不同元素叠整归类。

缝制软装套件。

（2）方案展示（图6-33至6-35）

图6-33 "苏木"系列效果展示1　　图6-34 "苏木"系列效果展示2

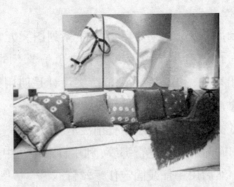

图6-35 "苏木"系列效果展示3

3. "栀子"（黄色系植物染主题房间）

（1）制作过程

设计图案，画出线稿。"栀子"系列的图案设计是运用绞缬工艺制作出小雏菊的花样，不规则地分布在纯棉材质的面料上。

浸泡染材。备好的栀子放入过滤袋，然后放入不锈钢铁桶内加水浸泡，提取黄色色素。

制缬。在浸泡栀子的同时对织物进行缝绑，缝绑的过程是最耗费时间的，不仅要按图样均匀缝好，还要在扎绑的时候非常用力，需要耐心和细心，避免漏缝或染色时出现漏色的状况。

染色。先将绑好的面料用清水打湿，然后放进煮好的栀子提取液中染色30分钟，同样在染色过程中要不停地翻动织物，目的是染色均匀。

明矾媒染。染色30分钟以后将面料在清水中清洗一遍，然后放入准备好的明矾媒染液里媒染20分钟，在媒染的过程中也需要翻动，使织物媒染均匀，能起到固色和显色的作用。

套色染。第一遍黄色提取液染色结束后，染出来的雏菊图案效果并不是很好，视觉效果感觉比较平淡，因此再将植物捆扎，然后运用五倍子进行套色染，使得整体效果更加丰富多彩。

拆缬。将染好的面料洗净拧干后进行拆线，纹样效果基本展示出来。

熨烫。将拆完的面料洗净晾干以后熨烫平整，按不同元素叠整归类。

缝制软装套件。

（2）方案展示（图6-36至6-38）

图6-36 "栀子"系列效果展示1　　图6-37 "栀子"系列效果展示2

图6-38 "栀子"系列效果展示3

第七章 "经世致用"造物观下传统染缬技艺
在室内装饰中创新应用的展望

　　在全球经济一体化的今天，许多民间传统技艺受到了强烈的冲击，机械化生产的印花布愈来愈多地替代了农村自制的土布和手工印染花布，而染织艺人出现"老龄化"，传统技艺面临失传，传统染缬手工技艺随时都有断代的潜在危险。如今，现代工业生产模式的价值观念正通过互联网等众多传媒手段侵入人们的内心，人们的价值观念、生活方式、审美观念发生了变化，传统手工生产方式的主导理念已不再重要，农耕文化也成为历史，染缬花布的实用价值日渐低迷。今天我们所能看到的染缬蓝印花布，依旧蓝得沉静、自得清新。只是原本以不同形式出现在衣衫、被褥、头帕、床帏上那斑驳的蓝自己逐渐从生活的舞台上淡去了。过去繁盛的景象，如今也只能封存于博物馆成为渐远的回忆。因此，长时间以来，染缬花布的淡出并没有对寻常百姓的生活造成直接影响，相反，只有学术界和研究学者对染缬技艺有着割舍不断的情结，其内在的历史价值、文化价值和学术价值也有待进一步深入研究。近几年来，国家越来越重视非物质文化遗产的抢救、保护工作，传统染缬技艺又迎来了复苏的曙光，并在诸多领域逐步扩大应用范围。本章对传统染缬技艺传承保护和发展做了分析及展望。

一、文化回归与染缬技艺的复兴

（一）染缬技艺的保护传承

1. 传统染缬花布织物的保护方法

（1）传统织物保护方法

染缬花布的保存不仅要保存其"色"，更要使整个织物完整、色固。对于考古发现或民间收藏的染缬花布作品，我们经常会发现其受到化学物质、自然因素的腐蚀，发生污染和质变。出现这种恶化现象的原因主要是原纺织纹理断裂、变色和发霉。因此，为了长期保存染缬花布，要着重考虑以下几个方面。

①现场保护

染缬花布一般由天然纤维构成，在早期以植物纤维（棉、麻）为多，属于多糖类化合物，与陶器、金属等无机材质类别的文物相比，其有机材质特性极易受到微生物和昆虫的侵害，是微生物繁殖生长的营养来源。这些有机高分子化合物极易发生热老化、光老化作用，使分子链发生破坏而降解。同时，这些多糖类化合物中的羟基、羧基和氨基等亲水性基团，使纺织品具有较强的吸湿性，极易吸收空气或土壤中的水分，从而加速了纤维的老化。针对考古发现，因考古现场情况复杂，条件简陋，出土地区地理环境、地质条件、埋藏情况不同，现场保护的方式就不同，同时还要考虑土壤的腐蚀能力、土壤的通气性（含氧量）、含水量、温度、电阻率、可溶性盐类种类与数量、pH值、微生物的存在等因素。考古现场出土的染缬花布提取方法主要有揭取法、冷冻切割法、套箱法、托网法、插板法、加固提取法等。针对遗存文物，首先不能轻易搅动，先观察其状况，并完成照相、绘图等资料收集工作，如果碰上数量大而且难以揭取的，可考虑搬回实验室内处理，避免给脆弱的纺织品带来极大的危险。总之，对于染缬花布的现场保护，没有一成不变的固定模式或方法，必须根据现场的实际情况，具体问题具体解决。

②灭菌与除虫

从纺织品文物保存科学观察和分析，"霉菌、变色菌、细菌等是危害纺织品的主要微生物，主要有纤维杆菌、棒状杆菌、绿色木霉、烟曲霉、土曲霉、球毛壳霉、淡黄青霉、木霉、黑曲霉、黄曲霉、普通变形杆菌、产碱杆菌、变色曲霉、红曲霉、金黄色葡萄球菌等。"[1] 当前纺织品文物灭菌除虫的熏蒸剂有环氧乙烷、环氧丙烷、溴甲烷、硫酰氟；抗菌剂有合成抗菌剂、天然抗菌剂、植物抗菌剂；杀虫剂有合成杀虫剂、天然杀虫剂、植物杀虫剂；物理方法有低温法、低氧法、微波法、脉冲磁场法、离子法等。

③清洗

并不是所有的染缬织物都适合清洗，这主要看两种因素：其一，清洗过程是否会破坏纤维结构或者造成染料流淌；其二，对一些极具文化价值和技术特点的织物，其污迹可以通过清洗除去，但清洗过程可能削弱其考古价值丧失大量信息。因此，清洗第一步是判断遗留织物是否应该清洗。当面对一件染缬花布作品时，很难了解污迹的确切来源，通过去除方法对污迹进行分类相对易行。《博物馆纺织品文物保护技术手册》一书做了详细分类，如下表7-1。

表7-1　常见污迹及其去除方法[2]

污迹		去除方法
染料	酸性	稀氢氧化铵溶液；甲醇；阴离子型洗涤剂；连二亚硫酸钠弱碱溶液
	碱性	甲醇；乙醇；稀醋酸；洗涤剂（体系维持弱酸性，pH值不小于6）
污迹		去除方法
不明污迹	酸性	稀氢氧化铵溶液；阴离子型洗涤剂（维持弱碱性）
	碱性	稀醋酸；非离子型洗涤剂（体系维持弱酸性，pH值不小于6）
腐蚀类产物		螯合剂；离子交换树脂；洗涤剂；漂白剂
血迹	新鲜	冷水＋氯化钠
	陈旧	阴离子型洗涤剂；稀氢氧化铵溶液；蛋白酶（如I胰酶）；整合剂
汗液	酸性	丙酮＋稀氢氧化铵溶液
	碱性	丙酮＋稀醋酸溶液；漂白剂
尿液	酸性	稀氢氧化铵溶液
	碱性	稀醋酸溶液

① 国家文物局博物馆与社会文物司. 博物馆纺织品文物保护技术手册 [M]. 北京：文物出版社，2009：17.

② 本章关于传统织物的保护方法，主要参阅国家文物局博物馆与社会文物司. 博物馆纺织品文物保护技术手册 [M]. 北京：文物出版社，2009.

续表

人体分解物		洗涤剂；乙醇 + 水
落尘		阴离子型洗涤剂（体系维持弱碱性）
泥土		洗涤剂
石墨		洗涤剂
炭黑		阴离子型洗涤剂；干洗剂
水泥		稀醋酸
黏土		阴离子型洗涤剂（体系维持弱碱性）
油漆		干洗剂（含洗涤剂）；松节油
鸡蛋		洗涤剂；蛋白酶（如胰酶）
油脂		洗涤剂（阴离子型和非离子型复配）；稀氢氧化铵溶液；干洗剂；脂肪酶 / 油酸酯酶
淀粉		淀粉酶
糖		水；洗涤剂；酒精；干洗剂
矿物油		干洗剂
白蛋白		阴离子型洗涤剂；稀氢氧化铵溶液；蛋白酶
动物胶，明胶		洗涤剂；蛋白酶（如明胶酶）
墨水	普通墨水	非离子型洗涤剂（含甲醇）；乙醇 + 丙酮；二甘醇；二甲替甲酰胺；PBG 200~400
	红墨水	稀氢氧化铵溶液
	永久墨水	乙醇
	苯胺墨水	酒精；PEG 200~400
铁锈	II	稀柠檬酸溶液；稀酒石酸溶液；螯合剂；离子交换树脂
	III	洗涤剂；螯合剂；离子交换树脂
霉斑		稀水杨酸溶液 + 乙醇；蛋白酶；漂白剂
污迹		去除方法
焦痕		稀有机酸（醋酸、柠檬酸、酒石酸）溶液 + 洗涤剂；漂白剂
水迹		水；水 + 甲醇 + 氯化钠溶液

A. 表面清洗

表面清洗是指通过物理方法去除织物表面或内部的松散污迹等。只要使用得当，简便易行的表面清洗可以达到满意的效果。对于染缬花布这样的一般织物，可以选用合适的软刷或棉签，用水稍稍湿润，然后沿着织物纤维走向，刷出隐藏在纤维之间的污垢或尘土。在此过程中，织物应该保持干燥状态，一旦潮湿，尘土就会牢牢黏附其上，很难去除。要及时清洁软刷，以防止尘土的再沉积。

B. 水洗

一般来讲，只有当纺织品具有足够强度，同时颜料或染料具有一定的色牢度时，方可采用水洗。因染缬花布大多采用植物染料染色而成，水会造成染料的流淌，造成纺织品的褪色或晕色，同时水在清洗过程中，会从纤维表面带走大量的污迹和降解产物。对于严重降解的纺织品，水洗会造成较大的纤维失重率，严重时会导致织物的瓦解。因此，在对染缬花布进行水洗时要格外注意。

C. 干洗

当染缬花布经过色牢度测试，发现染料不耐水洗或者已经出现严重老化，水洗会引发纤维的溶胀和流失时，必须干洗；在处理多层纺织品时，特别是出现油、脂蜡、焦油、树脂、黏结剂、虫胶、油漆、涂料、橡胶和塑料等污迹时尽量考虑干洗。与水洗相比，干洗不会引发纤维的溶胀和流失，可以最大限度地保留染料，不会引起纺织品的褪色，同时能够去除某些脂溶性的污迹，因此是一种不可替代的清洗方法。三氯乙烯是可燃液体，易挥发、不易燃，是清洗中最常用的有机溶剂，可用作萃取剂、杀菌剂和制冷剂及干洗剂。在清洗纺织文物时，如用纯冷溶剂浸渍，则时间不超过30分钟；如织物上颜色有流淌现象，则改用二氯乙烯。

④加固修复

起皱的染缬花布在清洗干净后，需要进行平整处理，使织物经平纬直。目前所用平整方法的原理，主要是将纺织品回潮。对于织物不平整之处，多用毛笔摁压或用小瓦数蒸汽熨斗熨烫。对于严重腐烂织物，多用树脂涂布法、托裱加固法、丝网加固法、真空积膜法、接枝加固法、夹衬固定法等方式加以修复。

⑤保存与提用

针对染缬花布织物的"保存"当前有两种，一是在家中室内保存，另一种是在博物馆库房或陈列中保存。除环境不一样外，保存基本要求是一致的。"提用"是指从一个场所到另一个场所的移动过程，在提用的过程中，应尽量使织物保持其最初的状态，不受损伤。

对于平面类的染缬花布纺织品的保存，一般采用平摊式、卷轴式或悬挂式方式保存。平面类的染缬花布纺织品为平面形状，保存时以平放最为适宜，但由于有的染缬花布如被套，平摊面积比较大，而室内空间有限，对于有一定牢度的纺织品，只能采取卷绕或是折叠的方式来保存。对于厚重的平面纺织品来说，悬挂式保存是一种非常节省空间的保存方法，此方法也经常用于陈列展览。对于立体的染缬花布纺织品的保存，如服饰，其存放既可以采用平放式，也可以用悬挂式。选择哪种方式取决于服装的重量、牢度、空间及材料等。对于强度大的衣物，吊挂的方式比较适合，但是使用的衣架最好在外围包裹一层棉布，用针线缝合。当服饰比较脆弱，无法支撑其本身的重量时，需要叠放在用无酸材料制成的盒子里，注意在盒子的四角和边缘衬上涤纶条起到保护作用。

提取染缬花布用于研究或展览时，必须小心谨慎，无论其强度如何，都必须在提取时有支撑物。不同的染缬花布纺织品提取的方法有所不同：平面的织物放在干净的木板、托盘上，大件的需要两人协作移动；在提取卷轴时，用手握住轴柄两端；最理想的方法是将纺织品放在箱子里提取；在提取过程中，两手抬起的高度不能过肩，否则容易重心不稳而掉落纺织品；决不要提取纺织品某个角落，要平衡地支撑纺织品。

（2）数字化保护技术与方法

"非物质文化遗产数字化，就是采用数字采集、数字储存、数字处理、数字展示、数字传播等技术，将非物质文化遗产转换、再现、复原成可共享和可再生的数字形态，并加以利用。"[①]非物质文化遗产数字化保护技术基于计算机新型辅助系统或手段，采用人工智能、数字动画、虚拟现实技术、多媒体数据采集、数字遥感与航拍、摄影测量及光电扫描等先进信息技术，保存、组织、存储与查询检索非物质文化遗产相关文字、图像、声音、视频及三维数据信息，并在此基础上探索建立数字化文化遗产博物馆、展览馆，为其保护、开发与利用服务。2010 年 3 月，湖北省文化厅正式宣布全省非物质文化遗产普查数字化管理工作全面启动；2012 年，湖北省获批国家首批非遗数字化保护试点，染缬花布数字化保护技术与方法正是基于此技术

---

① 康保成. 中国非物质文化遗产保护发展报告 [R]. 北京：社会科学文献出版社，2013：23.

和背景下，达到现代非遗保护的要求和标准。

①数字化采集与存储技术

"使用数码相机等数字设备采集、整理、存储非物质文化遗产的文本、图像、音频、视频等原始素材和资料，是目前应用最广泛的数字化保护形式。"[1] "数字化存储技术也为非物质文化遗产的保护提供了许多新的保护手段。"[2] 染缬花布是一种不易保存的织物制品，是一种传统手工艺，对其进行现代数字化采集和储存，应依附于它所赖以生存的自然和文化生态环境。采集染缬花布相关档案资料应在相关自然和人文环境信息的基础上既可以运用存储介质转化为数字化格式，也可以利用多媒体网络数据库如云空间等来存储和管理，这样不仅是保护技术一个环节，而且包括从原来的采集到产品生产、产品市场化及使用结果一整套完整体系，使档案资料完整、详细、有序、便于检索。例如传承人在展示染缬技艺时，往往通过文字、照片、视频等进行记录，然而由于动作较多、工序复杂，上述手段难以对整个印染技艺流程进行准确全面的记录，一些重要的细节容易忽略，以致数据结果差之毫厘，谬以千里。拍摄 DV 也只能以二维图像的方式进行录制，记录的数据存储虽然方便、快捷，但数据可重用性和可编辑性较差，重现时还需要传承人的参与，必然产生巨大的工作量。运用现代数字信息和技术能更好地服务于染缬技艺档案资料的收集和整理，使这些弥足珍贵的非物质文化遗产得到更为安全和长久地保存。另外，数字化技术应用最广的在于纹样数据的采集，笔者通过佳能相机进行数字化图像的采集以满足实验要求，同时在 *The color similarity in the development and research of Tianmen blue calico image retrieval* 中提到，通过走访搜集，整理出了明清以来实物及图片资料几十件，保存了多件纹样纸版，利用基于内容的图像检索的先进技术、理念及手段对传统染缬技艺展开数字化研究是当前多媒体检索中研究最为广泛的一种。

关于传统染缬技艺数字化资源库建设，湖北省非物质文化遗产数据库框架已基本建成，非遗保护进行了初步数字化管理，但可惜的是项目整体

① 裴张龙. 非物质文化遗产的数字化保护 [J]. 实验室研究与探索，2009 (2)：59-61.
② 黄永林，谈国新. 中国非物质文化遗产数字化保护与开发研究 [J]. 华中师范大学学报（人文社会科学版），2012, 52 (2)：49-55.

录入率不到 20 ％，这就需要我们继续开展研究工作，还需"花大力去完善去深入研究开发，需要综合应用分布式数据库技术、海量数据存储技术、内容检索技术、数据挖掘等数字化处理方法。"① 数据库构建是传统染缬技艺数字资料管理的核心，多媒体数据库设计应结合传统染缬技艺的电子档案、图像、音频、视频等，以及制成的动画、漫画多媒体数据资料，利用 C++、Java EE 语言与 Open CV、Oracle、MSSQL、MySQL 等数据库实现信息的录入、检索、统计、修改、输出等功能，为传统染缬技艺作品展示和网站发布提供数据支持。

②数字化模拟及再现技术

"目前非物质文化遗产常用的数字化模拟与再现技术主要分为两类：一类是三维模型、虚拟漫游、图像处理、人工智能等技术；一类是根据保护专家综合利用色彩学知识和图像处理技术、人工智能等技术。"② 现代数字化模拟及再现技术为传统染缬技艺的传承提供了更为先进的手段和方法。传统染缬技艺传统纹样经过数字化后广泛用于各种设计上，并且通过计算机软件运用模拟制作成新的纹样，符合人们的要求。同时可以利用 3D、4D、5D 数字动画制作技术，经过系统加工解读、恢复、再现蓝印花布工艺、场景及过程，实现非遗可视化。比如，传统染缬花布一块被面事先测得其大小、形状、花纹、角度等技术参数，通过计算机软件程序经过系统归纳，使设计出来的新品更为精准；或者"应用真实感角色生成、场景搭建等技术，实现非物质文化遗产的虚拟再现、知识可视化及互动操作。"③ 对上述传统染缬花布被面可以结合虚拟场景进行建模，开展数字化编程，运用三维立体动画效果进行模拟展示，以达到逼真的效果，可以使人们欣赏到传统染缬被面制作全过程，并通过这些途径恢复濒临消失的天门蓝印花布原貌。除此之外，还可以通过网络互联实现数据共享。因此，通过数字化模拟及再现技术一方面可以记录、还原传统染缬花布独特的印染技艺，保护和传承传统技艺技术和技巧；另一方面可以搭建数字化培训和实践平台，

① 陈启祥. 非物质文化遗产数字化保护的研究 [J]. 科技创业月刊, 2015（12）：67-69.

② 彭冬梅. 面向剪纸艺术的非物质文化遗产数字化保护技术研究 [D]. 杭州：浙江大学, 2008.

③ 黄永林, 谈国新. 中国非物质文化遗产数字化保护与开发研究 [J]. 华中师范大学学报（人文社会科学版）, 2012, 52（2）：49-55.

通过模拟技艺过程,增强学习者的学习兴趣,简化培训过程,节约培训成本,拓宽培训渠道,培养蓝印技艺传习者。

③数字化虚拟展示与传播技术

数字化虚拟展示与传播技术是建立在展示与传播媒介基础上,集虚拟现实、图文声像等多媒体表现手段于一体,借助PC网络平台、物联网、移动网络、全息投影等技术手段,利用声、光、电产生的效果,实现平面、全景或立体展示,达到非物质文化遗产的数字化传播和展示的目的。目前有三种途径:一是利用三维场景建模、特效渲染、虚拟场景协调展示等动画技术进行真实场景再现;二是借助虚拟现实技术、三维图像技术、计算机网络技术、立体显示系统、互动娱乐技术、特种视效技术,建立数字化博物馆;三是借助互联网、数字电视网络、互联网电视等打造新型应用平台。具体实施方面,可以利用异形LED屏幕通过大幅高清画面给予参观者直观的视觉冲击;利用多通道融合同步视频播放系统,营造出气势恢宏的巨型场景;通过增强现实互动游戏,扫描图片和展品,参观者可获得与之相关的非遗项目信息;利用声音捕捉感应系统可感应参观者的声音或肢体动作,相关的音、视频内容或灯光设备将产生实时的互动特效;利用红外捕捉互动触摸桌使参观者可多点触控屏幕,参与体验"抓周"的过程;通过多屏互动数字沙盘应用展示,将"空间屏""信息屏"与"触摸屏"三屏联动,运用遥感、地理信息系统、三维仿真等高新技术,支持多人参与互动,实现多个终端与多套内容演示的同步呈现;展品结合透明屏幕显示技术和纳米触摸识别技术进行互动,如可触摸互动透明屏在蓝印花布展示上的应用等;利用人体感应互动视频应用,在墙面产生各种特效互动影像,参观者通过挥动手臂来与显示的图像进行互动娱乐;另外在辅助参观上,建立了针对不同人群的智能语音导览系统,使用智能手机的游客扫描展项二维码可以获得音、视频导览,外籍游客还可获得同声翻译,展区还能够自动感应播放音频导览,为贵宾提供服务。

当前,数字博物馆是一种适合于民间非物质文化遗产广泛传播的数字化展示平台,梁惠娥、张守用《服饰博物馆数字化展示与实体展示比较》将服饰博物馆中数字化展示与实体展示两种方式从展示载体、展示方式、展示手段及展示内容等进行了比较研究,认为"服饰博物馆数字化展示可展示和利用的资源较之实体展示,在选择展示服饰文物方面余地更大。"①
因此,在数字博物馆里,诸如像传统染缬花布这样的非遗展品能以更加活态的方式展示其具体内容和艺术精髓。比如登陆数字博物馆网站或链接后,即可看到由包括染料的制取、印花布的雕刻、染色加工工艺这三个关键工艺环节所形成的链状结构,同时还包括与此工艺直接相关又相互对立的手工艺个体、群体、聚落及社会环境、生产力水平等。另外,笔者建议博物馆的建设要加入"生态"特征,即构建数字化"生态"博物馆,博物馆除运用数字化技术外,与传统博物馆有很大的区别,见表7-2。"生态"博物馆的定义又称为里维埃定义,最早由法国的乔治·亨利·里维埃(George Henri Riviere)提出。②

表7-2　传统博物馆与生态博物馆的区别

属性	传统博物馆	生态博物馆
范围	静态的独立建筑或者建筑群	整个特定的社区自然和文化遗产被原状地、动态地保护在其原声环境中
主体	专家学者	经过培训,由社区居民亲自记录社区发展档案
功能	保护和收藏文物	资源保护中心——用以保存自然和文化遗存
	教育	"镜子"和"学校"——用于社区居民立足现在、借鉴过去、掌握未来
		"展柜"——向外来参观者(消费者)充分展示自身文化艺术,宣扬文化多元主义和价值观
		"实验室"——了解和研究当地居民的过去及未来发展
服务对象	本地居民、外来公众	社区居民、外来大众、研究目的的学者、专业机构
展示内容	多具有文物价值的经过历史沉淀的具体实物遗存	社区中的一切资源,包括文化和自然的。文化既包括有文物价值的实物遗存,还包括传统风俗等一系列非物质文化遗产
展示方式	静态、孤立地陈列于博物架上,脱离原生环境	时间和空间、静态和动态有机结合:原状地、动态地、鲜活地保护于原生环境中

① 梁惠娥,张守用. 服饰博物馆数字化展示与实体展示比较 [J]. 服装学报,2016(6):45-49.
② 余压芳. 景观视野下的西南传统聚落保护:生态博物馆的探索 [M]. 上海:同济大学出版社,2012:15.

数字化"生态"博物馆注重项目主体的文化、社会双重功能，将传统文化保护利用与现代管理、现代传播技术有机结合，即顺应了非遗的现代传承需要，是当前最为有效的数字化保护方式，可以实现纺织类非遗织物更好地传承和保护。以天门蓝印花布为例，博物馆主要包括历史记忆系统、技艺传承系统、社会传播系统、文化保护系统。具体建设方面，博物馆采取"一个中心，两条主线，十个传承点，百位传承人"的立体化传承、运行网络和空间构架："一个中心"是设立在学校的湖北省非物质文化遗产保护中心；"两条主线"是国家级非遗和省级非遗两条传承线路；"十个传承点"主要是与湖北省内的 10 个非物质文化遗产传承基地展开合作；"百位传承人"主要是以国家级、省级、市级三级非遗传承人为主体，加入部分社会爱好者。数字化生态博物馆着眼于项目传承人的保护、传承，同时利用现代数字化信息平台，形成一个动态平衡的机制。

因此，通过以上分析，数字化生态博物馆不是传统意义上的博物馆，而是活态文化的展示，应立足于传统染缬技艺数字化记录和保存，其着眼于项目传承人的保护、传承；数字化生态博物馆力求创新非遗保护模式，在人们的日常生活中开展项目活动和加强项目保护传承；数字化生态博物馆还着力于项目传承发展机制的构建，运用现代传播手段构建了新型的文化传承机制，达到历史文化传承的目的。

④虚拟现实技术

"虚拟现实技术是多媒体技术广泛应用后兴起的更高层次的计算机用户接口技术，具有沉浸感、交互性和想象性三大特性。"[①] 采用虚拟现实技术可以实现视觉、听觉、触觉、嗅觉、味觉等多种感觉通道的模拟和实时交互，可以模仿、仿真、复原非遗文化技艺和生态空间，在还原濒临消失的非遗生态环境、可视化非物质知识、技能或技艺方面有其优势；通过虚拟现实技术可以将非遗产业化，形成规模文化经济效益，调动人们保护和发展非遗的积极性。其具体实现步骤是：首先要进行必要的规划和预算，以确定系统沉浸程度或多套系统，这是一个反复论证的过程，并需要与蓝印花布文化和实际情况相结合，充分考量设计的可行性和意义所在；其次是对选

---

① 吴丽华. 网络数字媒体技术在生物多样性数字博物馆中的应用研究[M]. 北京: 国防工业出版社, 2013: 2.

定合适的开发方法和工具后，要对系统设计进行细化，不论沉浸程度怎样，对三维模型的重建和贴图的绘制几乎是虚拟现实系统必然需要的；最后是系统设计的完成、调试与修改。① 经过虚拟现实系统的构建，可以将分散天门蓝印花布文献、研究成果、相关资料进行系统分类，通过传统或数字化处理，整理成成体系的电子档案，在此基础上通过航空摄影、激光扫描、近景摄影等技术手段获取与其相关的纹样、制作过程等，并建立起数字场景模型、正射影像、三维可视模型等再现传统染缬花布制作过程，便于观众研究、参观、演示。另外，采取虚拟现实技术对传统染缬技艺资源数字化的最大益处是既可以记录和保存这些非遗各方面的信息，也可以在保持其原貌的情况下利用信息进行数字生产和数字传播，挖掘其深邃的文化与经济价值。因此，注重虚拟现实技术对传统染缬技艺的开发和利用，可以加快其产业化步伐，宣传中华优秀传统文化，促使其在室内设计、服饰文化、民间印染文化、民间习俗、传统技艺等方面的知识和技能价值不断得到增值。

2. 保护措施

从国家层面上看，国家对非物质文化遗产的保护与发展问题高度重视。全国人大常委会关于批准《保护非物质文化遗产公约》的决定（2004）、《国务院办公厅关于加强我国非物质文化遗产保护工作的意见》（2005）、《中华人民共和国非物质文化遗产法》（2011）、文化部《关于加强非物质文化遗产生产性保护的指导意见》（2012）、《国务院办公厅关于转发文化部等部门中国传统工艺振兴计划的通知》（2017）等一系列法律法规文件的出台，确立了非遗保护工作的目标和文体局、天门市群众艺术馆等单位，组建专班，抽调各方面专业技术人员，深入实地调研。同时，天门市配备相关专业研究人员，发掘、整理、抢救传统天门蓝印花布（传统染缬）技艺，并在荆楚纺织类非物质文化遗产展览馆（鄂东民间挑补绣传习基地）开馆之际，为天门蓝印花布设立展览专区，逐步形成具有中国特色的非遗保护制度，并建立了卓有成效的工作机制。从省级层面上看，湖北省积极响应国家政策，建立了国家、省、市、县四级名录体系，保护机制日趋完善，传承工作成效显著。截至2017年，建立了国家级非物质文化遗产生产性保

① 郑巨欣，陈峰. 文化遗产保护的数字化展示与传播 [M]. 北京：学苑出版社，2011：148.

护示范基地 5 个、国家级文化生态保护实验区 1 个、省级非物质文化遗产生产性保护示范基地 19 个、省级文化生态保护实验区 13 个、市县级生产性保护示范基地 70 余个，在武汉纺织大学等 16 所高校和科研单位设立了 22 个湖北省非物质文化遗产研究中心，每年安排专项资金，用于非遗抢救、保护和传承。从市级层面上看，为抢救天门蓝印花布这一具有浓郁地方特色的非遗，天门市政府建设相关博物馆，通过静态、动态展示和体验，使观众感受天门蓝印花布独特的魅力。其相关保护措施还有以下方面。

（1）已采取的保护措施

对天门市地域范围的蓝印花布艺人及传承情况进行了普查，建立了相关档案；已由天门市人民政府公布天门蓝印花布为第一批市级非遗保护名录，成功获批湖北省第三批省级非遗保护名录；发现和收藏了一批有价值的蓝印花布用品和旧纹样、旧花版、旧器具；恢复建立了天门蓝印花布简易印染作坊；市文化部门制定了天门蓝印花布印染技艺 5 年保护计划；市民政局对特困老艺人进行生活补贴，并列入年度预算。

（2）拟采取的保护措施

①保护内容

保护天门蓝印花布的知名老艺人；保护天门蓝印花布的传统制作工艺；保护天门蓝印花布的传统纹样和花版；保护天门蓝印花布的收藏品和器具。

②保护五年计划

时间	保护措施	预期目标
第一年	健全全市蓝印花布艺人个人档案	丰富完善天门蓝印花布数据库
	市民政局专款用于艺人生活补助	保障蓝印花布艺人的基本生活
	申报省级非遗保护名录	入选省级非遗保护名录
第二年	设立蓝印花布生产专项扶持基金	专项基金纳入市级财政年度预算
	对天门蓝印花布进行生产性保护	天门蓝印花布生产逐步形成产业
第三年	制作天门蓝印花布专题片	天门蓝印花布对外宣传交流
	举办天门蓝印花布技艺培训班	培养一批天门蓝印花布技艺传承人
	申报国家级非遗保护名录	暂未入选国家级非遗保护名录
第四年	成立天门蓝印花布研究会	开展蓝印花布艺术研究和学术交流
	搜集整理天门蓝印花布纹样	出版《天门蓝印花布纹样大全》
第五年	建立天门蓝印花布展览馆	天门蓝印花布对外展示和宣传
	举办天门蓝印花布产品推介会	天门蓝印花布重新走向全国和世界

③保护措施

将天门蓝印花布纳入省级非遗名录（已完成），申报国家级非遗名录（计划中）；成立天门蓝印花布研究和保护机构；由市政府在城区命名"天门蓝印花布一条街"，出台相关保护政策；市政府加大资金投入力度，将保护经费列入财政预算。

（二）文化回归与传统染缬产业的复兴

近年来，国内、国际上倡导"文化回归"，习近平"中国梦"的提出，更使得包括非遗在内的中华优秀传统文化面临着中华人民共和国成立以来第一次全面复兴，这既是一个民族的精神支柱，也是一个民族的根。

1.《中国传统工艺振兴计划》的提出为传统染缬技艺产业的复兴创造机遇

（1）《中国传统工艺振兴计划》与传统染缬技艺的渊源

首先，从"非物质文化遗产"的定义上来看，无论是联合国教科文组织《保护非物质文化遗产公约》还是《中华人民共和国非物质文化遗产法》都对"非物质文化遗产"有明确规定，传统染缬技艺是传统手工艺技能的非物质文化遗产。

其次，从国家对非物质文化遗产的重视程度来看，习近平高度重视中国传统文化的传承与发展。对于我国的非遗保护工作，国家和省市各项非遗保护政策措施的出台为非物质文化遗产的传承和发展提供了良好的机遇。2017年，由文化部等几个部门联合制定的《中国传统工艺振兴计划》，顺应了经济社会发展对民间传统工艺保护所提出的新要求，针对传统染缬技艺而言，可将这一传统印染技艺保护新理念与国家保护政策相结合，对于挽救濒临流逝的传统染缬技艺提供了政策性引导，为有效缓解民间传统工艺保护困境带来了一剂良药，彰显了人文关怀与时代精神。

最后，从中国传统工艺来看，"我国的传统工艺是非遗的重要组成部分，是中华优秀传统文化的活态实践。"① 《中国传统工艺振兴计划》对民间传

---

① 韩业庭. 让传统工艺在现代社会焕发新活力 [EB/OL]. http：//www. cssn. cn/zx/201703/t20170325_3465300. shtml.

统工艺进行了定义。[①]中国传统工艺历史悠久、覆盖面广（涵盖衣、食、住、行各方面），遍布广泛。《中国传统工艺振兴计划》针对传统工艺的振兴和发展制定了五项基本原则，并提出了10项主要任务，通过《中国传统工艺振兴计划》的颁行，可以对传统染缬技艺的手工技艺进行更好的保护和传承。

（2）传统染缬技艺文化遗产保护原则和方针

笔者认为，针对非遗传统保护方法大致有两种：一是"记忆工程"，可以理解为数字化保护，目前应用相对比较普遍；二是"活态传承"，通过培养"接班人"以传承非物质文化遗产，进行"活保护"。根据《中国传统工艺振兴计划》的保护内容和基本要求，传统染缬技艺在保护过程中必须坚持一定原则，主要包括以下方面。

①坚持以人为本原则

《中国传统工艺振兴计划》要求："鼓励中青年申报并进入各级非物质文化遗产传承人队伍，以此形成'以老带新'的传承人合理梯队。"[②]传承人或者传统技艺掌握者是传统工艺最为核心的要素，重点保护身怀传统染缬技艺的艺人和扩大传统染缬技艺传承人队伍，展现人文关怀。"扩大传承人队伍内容的核心在于'传承人队伍梯队长远建设'与'青年高水平传统技艺人才培养的持续推进'"。[③]

②坚持数字化保护原则

对传统染缬技艺文化遗产的保护，要依靠录音、录像、口述记录等多种数字化形式保存和传承。数字化保护非遗，可使相关资料能够更安全、更长久地保存下来，也降低了对书籍、光盘等资料的维护成本。[④]新时期，虚拟现实、数字摄影、三维立体信息获取技术、互联网的广泛应用，为传统染缬技艺文化遗产的数字化保护提供了有力保障。传统染缬技艺文化遗

① 中华人民共和国中央人民政府官网. 国务院办公厅关于转发文化部等部门中国传统工艺振兴计划的通知 [EB/OL]. http://www.gov.cn/zhengce/content/2017-03/24/content_5180388.htm.

② 中华人民共和国中央人民政府官网. 国务院办公厅关于转发文化部等部门中国传统工艺振兴计划的通知 [EB/OL]. http://www.gov.cn/zhengce/content/2017-03/24/content_5180388.htm.

③ 曾钰诚. 认真对待民族民间传统工艺保护 [J]. 新疆社科论坛, 2007（3）：27.

④ 刘金萍. 非物质文化遗产保护与开发问题研究——以南京非物质文化遗产为例 [D]. 南京：东南大学, 2009.

产数字化传承"为其有效传承提供了有力支撑，也为其广泛的文化共享提供了宽广的平台及更大的发展空间。"①

③坚持整体保护原则

要全面地考察天门蓝印花布文化遗产价值体系的历时性与共时性，明确辨析其生存空间环境，建立局部与整体的关联，维护整体性：一要考虑范围上的完整性（有形的）也要考虑文化概念上的完整性（无形的），除了文化遗产物质空间的静态完整还要强调历史过程、演变过程的完整；二要理解文化遗产周边一定空间范围内的环境内容不被随意增添或删减的含义，如在整体框架下考虑与其相关的环境与制度因素，达到文化与环境的和谐统一。

④坚持活态保护原则

坚持活态保护原则，要给天门蓝印花布传承人创造宽松、自由的人文环境，同时为了更好地保护文化遗产，可以考虑生态博物馆的建设，通过活态保护使文化遗产得到更好的保护。②

⑤坚持原真性保护原则

原真性，又称为"原生性""真实性""确实性""可靠性"等，中国社科院徐嵩龄教授认为，原真性的概念可以从其组分和结构两个角度来认识。从组分上看，文化遗产的原真性包含地点、位置；形态和构成；材料、材质；技艺；环境；功能；管理制度；精神、情感；相关人、物、事；时序变化。从结构上看，文化遗产的原真性分为"物质层面"原真性与"非物质层面"原真性。坚持原真性保护的原则，一是规定要保存历史的原物，修复要以历史真实和可靠文献为依据，反对伪造；二是要保存全部历史信息，保护好各个时期的叠加物；三是修补要做到整体和谐，又要与原部分有明显区别，让人能够识别。对于传统染缬技艺的保护，要重视遗产项目自身的真实性，客观真实地反映遗产项目相关基本情况，建立传统染缬技艺文化遗产数据库，服务于传统染缬技艺文化事业的发展。

① 李欣. 数字化保护：非物质文化遗产保护的新路向 [M]. 北京：科学出版社，2011：321.
② 赵鸣，程志娟，倪爱德，等. 非物质文化遗产数字化保护与生态博物馆建设——以海州宫调保护为例[J]. 淮海工学院学报（人文社会科学版），2014，12（7）：71-75.

⑥坚持精品保护原则

文化精品是一个地方递给世界的名片，富有影响力和生命力，是文化软实力的重要构成因素，其有历史、艺术、科学、纪念四个方面的重要价值。传统染缬技艺在长期的历史发展中，凝练出诸多经典纹样作品，堪称民间艺术瑰宝。对于精品，我们严格文化遗产的入选标准，对文化遗产实施分级管理，将经典作品永远保存和传承下来。

⑦坚持濒危遗产优先保护原则

制度建设是濒危性遗产保护原则的前置条件。传统染缬技艺是极其濒危的文化遗产项目，对其进行紧急抢救势在必行。

⑧坚持保护与开发并重原则

"在保护的基础上，对非物质文化遗产实施有限度的可控开发。"① 在传统染缬技艺文化遗产保护实践中，要坚持本原则，以保护为基础，以合理开发为驱动，维护民族文化基本元素，使蓝印花布优秀文化成果成为新时代发展的精神力量。

2. 荆楚纺织类非物质文化遗产保护方式的确立为传统染缬技艺产业的复兴提供保障

荆楚纺织类非物质文化遗产是荆楚大地上孕育的与纺织相关的文化硕果，既包含楚地传统美术、传统手工技艺，也包括与纺织相关的传统民俗，但是作为一种具有地域特色的、特殊的文化形式，荆楚纺织类非遗是一种紧随时代迁延而极易被湮没的文化符号。马克思曾说："人们自己创造自己的历史，是在直接碰到的、从过去承继下来的条件下创造。一切已死的先辈的传统，像梦魇一样纠缠着活人的头脑。"② 这里的"承继下来的条件""先辈的传统"无疑也包括"非遗"。荆楚纺织类非物质文化遗产既是地理概念亦是文化概念，结合当前研究，笔者将荆楚纺织类非物质文化遗产定义为：以湖北地区为中心，以荆楚文化为内核，在荆楚大地上孕育的与纺织、服饰相关的各种社会习俗、传统手工艺技能、传统民间美术等，以及与上述表现形式相关的文化空间。

① 万一君. 解读我国非物质文化遗产保护的有关政策 [EB/OL].[2009-11-28].http：//blog.sina.com.cn/s/blog_4fabfe510100gdzm.html.

② 孙克. 优秀传统文化传承与新时期大学生德育新探 [J]. 教育文化论坛，2011（5）：12.

针对非遗保护的意义，文化和旅游部原副部长项兆伦同志认为："提出在提高中保护的理念，是由于非遗保护的关键是传承。"①荆楚纺织类非物质文化遗产源自湖北各族人民的长期社会生产实践，是中华民族智慧与文明的结晶，具有极强的历史、文化与经济价值。当前省级各部门通过巩固抢救保护成果（采用抢救性保护、整体性保护、生产性保护、数字化保护四种方式）、探索完善管理机制、开展重点工作第三方评估等重要举措，促进了纺织非遗保护能力的建设。因此，做好荆楚纺织类非物质文化遗产的保护和传承工作，对弘扬中国传统文化、建设和谐社会具有重要的现实意义。

针对荆楚纺织类非物质文化遗产保护方式，有学者认为，首先要建立纺织类非物质文化遗产保护体系。②"中国非遗推广中心主任龚鹏程曾强调纺织类非遗保护的严峻性；中国纺织经济信息中心主任孙淮滨认为纺织非遗的人才培养是非遗保护的重中之重；全国人大代表、中国丝绸博物馆馆长赵丰曾建议，尽快建立纺织文化遗产的分类保护体系。"③左尚鸿、张友云也指出："运用文字和音像形式，通过各种现代大众传媒手段，对限于濒危并有历史价值的，特别是上了国家级名录的非物质文化遗产项目，进行全面、真实和系统的记录，建立档案和数据库，出版各类大众读物，以便在超时空条件下让更多的人认知、接受和传承这些非物质文化遗产重要项目。"④因此，只有建立起完备的纺织类非物质文化遗产保护体系，针对天门蓝印花布等进行分类系统研究，才能达到保护和传承的目的。其次要建立纺织类非物质文化遗产保护和研究机构。⑤目前，湖北高校和科研院所，如武汉纺织大学已经建立起湖北省非物质文化遗产保护研究中心、湖北省纺织制度及政策研究中心等，对传统染缬技艺这一非遗的研发发挥着积极

---

① 项兆伦. 在全国非物质文化遗产保护工作会议上的讲话 [EB/OL].[2017-02-15].http：www.mcprc.gov.cn/whzx/whyw/201601/t20160119_460360.html.

② 郑高杰，李惠，陈明珍，等. 汉绣市场运营中的绣品优化 [J]. 纺织科技进展，2009（6）：75-76.

③ 金媛媛. 抢救纺织类非遗项目人才是关键 [EB/OL]. http://www.sjfzxm.com/news/hangye/20140101/368275.html.

④ 左尚鸿，张友云. 荆楚国家级非物质文化遗产 [M]. 武汉：湖北人民出版社，2008：6.

⑤ 冯泽民. 汉绣与非物质文化遗产保护文集 [M]. 武汉：武汉出版社，2011：2.

作用。最后要实现纺织类非物质文化遗产品牌化。在 2010 年"汉绣与非物质文化遗产学术研讨会"上，湖北美术学院张朗教授认为："想要做出汉绣品牌，不仅要把眼光放在汉绣绣品上，还应该在做好绣品的基础上，将汉绣转嫁到更多的物质载体上更好更多地体现汉绣的作用和价值，比如服装。"[1] 同样，传统染缬技艺也要在传承、发展、创新的基础上，积极创造品牌并发挥品牌效应。

因此，传统染缬技艺产业的复兴必须放在荆楚纺织类非物质文化遗产保护和传承的大背景下，依托深厚的文化底蕴和艺术历史，将中国的传统文化与现代先进的设计理念相结合，加强研究和创新，创造传统染缬技艺特有的品牌。

二、工艺创新与染缬技艺的复兴

传统染缬技艺在吸收中国传统文化精髓，借鉴其他民间艺术形式的基础上，利用其自身独特的制作工艺，使产品不仅增强了实用性，而且彰显了独具个性的艺术魅力。然而近年来，随着人们生活方式的转变，曾经"衣被天下"的民间手工技艺渐渐地从我们的生活中淡化、消失，如今只能在工艺品商店或博物馆中才能看到曾经随处可见的传统染缬制品，可谓是遗憾。在 21 世纪，为了使传统染缬技艺得到更好的传承与发展，使之从平民化逐步走向全民化，让染缬技艺回归到老百姓的生活中，必须走向设计化、商业化和产业化，打造形式多样的日常生活用品及文化休闲体验项目，逐步加快传统染缬与创意设计、现代科技及时代元素的融合。除了发掘染缬技艺的当代价值，良好的品牌运作与市场渠道也非常重要。有市场需求才能构建循环有序的健康流程，传统染缬技艺才能摆脱需求萎缩的困境。以天门蓝印花布为例，笔者认为要做好以下反思。

1. 现代创新天门蓝印花布现状

在技术方面，当今科学技术的发展使得艺术与技术达到完美融合，与其相对应的产业依托现代科技有了长足发展。对于传统工艺在新环境下的发展，笔者以为不必过于拘泥于单纯的形式，要把蓝印艺人从繁重的体力

---

① 冯泽民. 汉绣与非物质文化遗产保护文集 [M]. 武汉：武汉出版社，2011：2.

劳动中解放出来，更多精力投身于图案、花型设计，染色流程设计和具体染整控制；要做到传统手工艺与现代科技的结合，传统手工艺在新环境下才可能有更好的生存和发展，如描稿、刻板工艺可运用现代计算机辅助设计软件和雕刻机来完成，可以借助现代电子技术成果将手工设计的花形等，用数位板导入计算机系统，并由此建立起图案的资料库，提高工作效率；调浆可以用小型搅拌机来替代；染色按照多次实验后做的科学分析，提高染色的成功率；漂洗可用机洗来替代；由先进的蒸汽、电气机械设备代替踹布这一高难度技术活；等等。

在市场方面，南通蓝印花布博物馆的发展为天门蓝印花布的发展提供了方向。南通蓝印花布博物馆以抢救、保护民间非物质文化遗产为重点，加强创新、保存和宣传。在维持生产、保证利润方面，他们在努力保存传统工艺的同时，不断开发新产品，已经在实践中不断形成一条集收藏、研纪、开发、生产于一体的私营艺术馆的生存之道。他们的蓝染创新主要是把蓝染品纳入旅游纪念品范畴，然后通过相关评奖活动获奖（图7-1）。与其相比，天门蓝印花布就存在产业发展中的弊端，如无企业资助、品牌特色不明显。

2. 现代天门蓝印花布创新与发展的对策

现代天门蓝印花布的创新与发展要以技术创新为出发点，不断形成产业化模式，可以借鉴日本"阿波蓝"①和台湾地区蓝染事业的成功经验，为传统染缬产业化的实现提供参考。

图7-1 "年年有余"系列饰品

（设计者：吴元新）

图片来源：南通蓝印花布博物馆

当前日本"阿波蓝"的产业主要包含种植、打靛的原材料生产，

① 日本四国德岛县有历史上的阿波藩国，蓼蓝是其传统经济作物，其制蓝靛的方法不是中国普遍使用的"沉淀"法，而是采用"堆积发酵"方法。制造的成品蓝靛染料，在历史上颇具盛名，产品市场在江户中期到明治年间（1868—1912）覆盖全日本，至今蓝染界皆沿其历史名，称为"阿波蓝"。参阅刘道广. 中国蓝染艺术及其产业化[M]. 南京：东南大学出版社，2010：231-233.

打散制造成"靛肥"，织品染蓝和经营旅游 DIY 手工活动。其中，靛泥供应本地纺织业和旅游业所需，也供应外地蓝染业的需要。德岛传统织品中的棉纱都用"阿波蓝"染色，后来制成的衬衫、领带、小件饰物等成为"阿波蓝"产业的附加值最高的终端产品。德岛"阿波监"产业在市场开拓方面依然遵循现代学术（市场学和工业设计学）的原则，就是调研先行，数据为依，设计合目的性。对于"台湾蓝"的初步成功，主要有两个方面的因素：一方面是学术研究机构，如台湾工艺研究所、"农委会"农业试验所、台中市文化中心、台湾大学实验林管理处、辅仁大学、台南艺术大学、大叶大学、屏东科技大学等机构或大学相关系科，都有相关专业学者互相配合、推动；另一方面是社区、社团组织和社会热心于染织手工艺人士，如"三角涌文化协进会""台湾田野协会——二格山自然中心""台湾染色研究室""纤维艺术工作坊""台湾天然染色研究推广中心""台湾蓝染学会""泰雅族染织研究中心"等 40 多家热心于植物染、蓝染同人组合。其蓝染业能够从"无"到小规模产业化的过程，离不开民间组织有完全自主权利，能够自主决策项目、执行和营销形式；同时行政职能部门也有长期持久的相应扶持政策，双方相辅相成，形成蓝染手工艺的"产业化"模式。[①]

　　针对天门蓝印花布的产业化，笔者认为应注重以下几个方面。

　　第一，天门蓝印花布行业的可持续发展。传统的手工作坊的形式已经不能满足当今时代发展的需要，蓝印花布行业要实现发展应立足市场，抓住机遇，将蓝印花布企业、作坊、个人等有机整合，形成产学研为一体的经济体，为行业发展提供不竭动力。

　　第二，天门蓝印花布企业的科学规划。当前以蓝印花布为主要经营项目的企业并不多见，要充分利用好政府的政策引导与市场调控的积极作用，强化以企业主体，实现传承人——企业的相互联动，在保持传统文化的同时提高经济效益；要积极进行行业间的技术交流，促进多种企业之间的交流与合作，发挥独特优势，提高市场竞争能力。

　　第三，天门蓝印花布国际市场的不断拓展。传统文化更应该走出国门，让世人知晓。政府、企业、传承人等要有全球眼光，不断拓展国际市场；

①　刘道广. 中国蓝染艺术及其产业化 [M]. 南京：东南大学出版社，2010：144.

要建立以蓝印花布为主的网络展览馆、实体博物馆、市场等，扩大蓝印花布产业市场的影响力。目前笔者所在高校拟通过平台建设，将"天门蓝印花布"等传承人引进校园，将优秀"非遗"作品进行展览，展览馆拥有国际化视野，邀请国内外人士参观，使国际市场也得到了不断扩展，同时可以吸引更多高素质人才进入"非遗"生产性保护领域。

第四，天门蓝印花布名牌战略的实施。要注重并实施名牌战略，重视优质品牌的开发、精心培育与大力宣传，运用好"品牌"效应和"名人"效应，坚持走品牌化道路，不断提升其产品的国内外市场影响力和市场竞争力。

第五，天门蓝印花布人才的培养。要加强对传承人和现有技术人员的培训；加强与企业、高校、科研院所的产学研合作，广泛吸收优秀人才，通过人才交流、委托培训等方式引进更多优秀人才，不断提升人才培养质量。

三、传统染缬技艺在室内装饰中的创新应用前景

（一）传统染缬技艺在现代室内装饰中的创新应用实践

1. 染缬技艺的艺术化发展

传统染缬是造物活动，属于"设计"的范畴，追求的是"实用"与"美"的统一。对于现代染缬的发展，我们能不能另辟蹊径，将染缬从"设计"的范畴转移至"艺术"的范畴？将染缬由具有实用功能的产品，转变为具有单纯审美价值的艺术品呢？

比如南方一些地方的灰缬和蜡缬手工艺人，他们运用多种材料和工具，以单纯的蓝染就能表现出丰富的艺术效果。对于绞缬，由于其变化多端的纹理和不可控性，在前辈的探索中，将创新的绞缬技法和多年的美术修养功力结合起来，再加之矿物染料、植物染料、媒染剂的研究与运用，最终在面料上可以表现出绚丽多彩的艺术画面和意境，从而表达出艺术家的心境。对于夹缬，因其刻板的局限性，目前在彩夹缬方面有所突破，很难表现出富有质感、虚实变化的艺术画面。如果可以将四种染缬相互贯通，加之科学技术与文化艺术的渗透，染缬一定可以在传承和发展中，更具有其艺术价值。下图 7-2 至 7-7 为以绞缬技艺为主，结合美学思维和现代设计理念创作出的染缬艺术作品。

图7-2 《百合·夜》

图7-3 妈妈的郁金香　图7-4 九色鹿

图7-5 绞缬星空　　　图7-6 绞缬菩萨造像

图7-7 暮色丝路

图7-2至7-7图片来源均为自制。

2. 笔者在《"经世致用"造物观下传统染缬技艺在现代室内装饰中的价值及应用研究》项目实验中的实践创新探索

内容创新。在本项目实验中重点研究在染缬作品内容上的创新使其能够符合现代快速发展的室内装饰要求，近年来在家居设计风格上出现的新中式、后现代轻奢等风格，项目在色彩和内容上进行了与风格适配的调整，注意了色彩的协调感，筛选了三个色调适合现代家居设计要求，分别是灰色系、粉色系和传统的蓝色系。在内容上采取两条腿走路的路线，一方面继续深入研究民族化的图案应用，另一方面研究带有平面构成理念的现代主义抽象装饰路线。

在形式上进行创新。传统染缬作品的展示方式多为国画装裱样式，虽然有较好的展示效果但这种展示方式已不能满足多样化、现代化的家居设计需要，在本项目实验中使用合成树脂进行封装，酚醛树脂和聚氯乙烯树脂具有无毒无危害、无味、吸水率低等特性，成品表面光滑有一定的光泽感，加工工艺简单不需要辅助机械设备，适合普及和推广，为传统手工艺的展示提出了新思路。这一思路成功之后还可以使用更加适合工业化生产的PET钢化膜材料，直接使用PET板材加工设备就可以实现批量生产。所以新材料的应用从展示形式上进行的创新既符合现代家居的需求，同时还适应了工业化生产的需要，是符合时代发展的创新思路。

（二）传统染缬技艺在室内装饰中的创新应用前景概述

1. 低碳环保生活理念下，传统染缬技艺符合时代发展的要求

判断一项非物质文化遗产是否适合当代传承的因素，主要就是要具备时代的需求。历史上，唐代扎染发展到鼎盛时期，贵族以穿绞缬的服饰成为时尚。北宋时期因扎染制作复杂，耗费大量人工，朝廷曾一度明令禁止，从而导致扎染工艺衰落，以至消失，只有西南边陲的少数民族地区将单色染缬流传下来，而彩色基本断代。从18世纪开始，传统的农耕文明受到了西方工业文明的极大冲击。机器印染大幅度提高了生产速度，传统的手工印染的继承和发展受到了空前的威胁，但是机器印染的花色、纹路都相同，并且所用的染料基本都是化工染料，化工染料不仅严重破坏自然环境，对人类健康也没有好处。

在全球气候变暖，环境污染越来越严重的今天，低碳生活理念受到越来越多人的追捧，并且逐渐融入各个行业。人们越来越追求环保、纯天然、个性化的东西。传统染缬技艺使用的是纯天然植物染料，并且印染的布，每一块都不一样，符合低碳环保的理念和个性化的审美追求。这些因素使得传统染缬技艺与现代生活再度发生关系。

2. 挖掘传统染缬技艺中的当代传承价值

如何将传统染缬技艺与现代生活贯通融合，重新激发其生命力，近两年来，我国相继出台了一系列政策：2015年"制定实施中国传统工艺振兴计划"被正式写入"十三五"规划纲要，2016年"工匠精神"被写入《政府工作报告》，《中国传统工艺振兴计划》也顺势而出。国家对于传统工艺保护和扶持的力度不断增加，在时代大势下，如何才能增强传统工艺行业自身的造血功能，寻找一条新生之道？"振兴传统工艺"要靠政策的扶持，更要坚实地落地。

当下亟待解决的是让传统染缬技艺尽可能生活化，以"经世致用"造物观为主旨，以"效用于日用之间"为目的。挖掘手工艺当中的当代传承价值，通过工业设计、商业包装等途径的建设，让染缬技艺回归老百姓的生活中，提高染缬艺术的当代价值。让它变成我们身边能触摸到的、感受到的物体，这样才能长久地传承这项技艺。传统染缬艺术如果想长久地传承下去，必须走向设计化、商业化和产业化，打造形式多样的日常生活用品及文化休

闲体验项目，逐步加快传统染缬与创意设计、现代科技及时代元素的融合。除了发掘染缬技艺的当代价值，良好的品牌运作与市场渠道也非常重要。有市场需求才能构建循环有序的健康流程，传统染缬技艺才能摆脱需求萎缩的困境。

3. "生产性保护"提升当代价值

中国非遗保护在贯彻联合国教科文组织《保护非物质文化遗产公约》的精神基础上对不同类别、不同存续状况的非物质文化遗产项目采取了以下几种"分类保护"方式：立法保护、抢救性保护、整体性保护和生产性保护。其中，生产性保护话题被多次探讨。

成都市国际非物质文化遗产节办公室主任刘洪认为：生产性保护是强调在生产性的市场化过程中，通过市场途径对非遗进行一种原生态的博物馆式的保护方式，让非遗进入我们的生产、生活、市场。第四届成都国际非遗节的主题就是生态性保护，从成都目前的生产性保护案例来看，通过现代的设计、创意与传统的手工艺融合之后，使得古老的手工艺重焕生机，手工艺产品的形态虽然发生一定的变化，但是它的核心工艺被原汁原味地保留，这样的手工艺产品更加符合当下人们的审美与需求。所谓的生产性保护或工业化保护并非被大众误解的机械化的工业模式，从中国台湾、日本手工艺案例上的经验来看，这是一种"文创模式"的生产性保护，值得我们学习与借鉴。

4. 继承不泥于古，创新不离于源

目前，传统染缬技艺已不再局限于服装、服饰的运用，在现代室内装饰中有了广泛的用途。壁挂、窗帘、台布、沙发罩、床罩、枕套等生活日用品中都有染缬艺术的身影。近年来，扎染艺术又被影楼用于婚纱衬景，效果古朴典雅，别具一格。染缬壁挂是扎染产品中提炼出的一种工艺，它融合了设计师与扎染之间的伟大创造，将扎染独特的技巧与美感展现出来。一些重要的公共场所，如各级政府、人民代表大会的会议厅、会客厅，机场码头车站大厅、候机候车候船室，大型展览（播）室等都能见到传统染缬技艺美丽雅致的倩影，而且在首都北京的许多重要场所，如人民大会堂、钓鱼台国宾馆都有白族扎染的古朴典雅的装饰。

近年来，兰州交通大学从"产、学、研"一体化入手，建立文化创意产业平台。兰州交通大学丝绸之路染缬文化研究团队以国家"一带一路"倡议为契机，利用兰州交通大学教学科研实力，开展丝绸之路染缬历史整理研究、文化样式研究、产业发展研究，建立一个涵盖敦煌学、艺术设计、化学、生物工程、电子信息、商业管理等诸多学科的教学体系，并以研究为基础、产业实践为契机，实现染缬文化艺术活态传播。目前，该校着力打造一个集材料、设计、生产、销售、商业、娱乐等于一体的丝绸之路染缬文化创意产业平台，产业开发内容涵盖染缬文化产品开发、染缬文化内容创作、染缬文化体验园、染缬技艺与文化传承学堂等，形成产业立体增值圈。

传统染缬技艺的传承与发展需要遵循"继承不泥于古，创新不离于源"的原则，如果一味地向市场妥协，会贬低手工艺的价值，打击传承人的积极性，并且会让手工艺局限于旅游产品，造成市场秩序的恶性循环。传承与保护是相辅相成的，通过创意提升手工艺本身的价值，再通过手工艺价值资助手工艺继续传承，形成非遗保护体系的良性发展。

总之，传统手工艺能够满足大众的需求，被认为是手工艺传承的最好办法。传统染缬技艺不能成为贵族工艺，不能成为高端艺术，因为这会导致炫耀、奢靡及浪费。只有建立在生活实用基础上的工艺是功能性的、健康的。正如西安美术学院副教授张西昌认为：既要大力弘扬民艺美学，又要促进现代设计与民艺的结合，调整科研与产业发展的关系，利用设计思维将传统民艺转换到当下民众的生活中。

传统**染缬**艺术在室内装饰中的创新应用研究 —— 基于"经世致用"造物观视角

参 考 文 献

[1] 奚小彭. 现实·传统·革新——从人大礼堂创作实践看建筑装饰艺术的若干理论和实际问题[J]. 装饰，2008（S1）.

[2] 刘秀峰. 创造中国的社会主义的建筑新风格[J]. 建筑学报，1959（E1）.

[3] 奚小彭. 人民大会堂建筑装饰创作实践[J]. 建筑学报，1959.

[4] 里德. 现代绘画简史[M]. 刘萍君，译. 上海：上海人民出版社，1979.

[5] 刘诗中，许智范，程应林. 贵溪崖墓所反映的武夷山地区古越族的族俗及文化特征[J]. 江西历史文物，1980（4）.

[6] 宗白华. 美学散步[M]. 上海：上海人民出版社，1981.

[7] 朱光潜. 朱光潜美学文集[M]. 上海：上海文艺出版社，1982.

[8] 刘敦桢. 中国古代建筑史[M]. 北京：中国建筑工业出版社，1984.

[9] 陈维稷. 中国纺织科学技术史：古代部分[M]. 北京：科学出版社，1984.

[10] 王㧑. 中国古代绞缬工艺[J]. 考古与文物，1986（1）.

[11] 张道一. 中国印染史略[M]. 南京：江苏美术出版社，1987.

[12] 余英时. 中国思想传统的现代诠释[M]. 南京：江苏人民出版社，1989.

[13] 杜大恺. 中国当代壁画的幻想 中兴与裂变[J]. 装饰，1989（2）.

[14] 成肖玉. 净化大环境[J]. 装饰，1989（2）.

[15] 张绮曼，郑曙旸. 室内设计资料集[M]. 北京：中国建筑工业出版社，1991.

[16] 赵丰. 丝绸艺术史[M]. 杭州：浙江美术学院出版社，1992.

[17] 张绮曼，郑曙旸. 室内设计典籍[M]. 北京：中国建筑出版社，1994.

[18] 刘信君. 史学经世致用思想的嬗变[J]. 社会科学战线，1995（2）.

[19] 彭一刚. 建筑空间组合论[M]. 北京：中国建筑工业出版社，1998.

[20] 中国大百科全书总编辑委员会. 中国大百科全书·纺织[M]. 北京：中

国大百科全书出版社，1998.

[21] 赫斯. 西方美术名著选译[M]. 宗白华，译. 合肥：安徽教育出版社，
2000.

[22] 曾坚. 妄谈 21 世纪室内设计思路[J]. 室内设计与装修，2001（4）.

[23] 林海，吴剑峰. 中国古代室内设计的文化底蕴与艺术传统[J]. 家具与
室内装饰，2001（3）.

[24] 黄能馥，陈娟娟. 中国丝绸科技艺术七千年[M]. 北京：中国纺织出版
社，2002.

[25] 王国梁. 室内设计的哲学指导[J]. 建筑学报，2002（11）.

[26] 陈瑞林. 中国现代艺术设计史[M]. 长沙：湖南科学技术出版社，2003.

[27] 任文东. 文化·沟通·融合国际室内设计教育论文集[M]. 哈尔滨：黑
龙江美术出版社，2004.

[28] 楼庆西. 中国古建筑二十讲[M]. 北京：生活·读书·新知三联书店，
2004.

[29] 中国织绣服饰全集编辑委员会. 中国织绣服饰全集·织染卷[M]. 天
津：天津人民美术出版社，2004.

[30] 于美成. 当代中国城市雕塑——建筑壁画[M]. 上海：上海书店出版
社，2005.

[31] 赵丰. 中国丝绸艺术史[M]. 北京：文物出版社，2005.

[32] 王树良. "百姓日用即道"思想影响下的晚明设计[J]. 艺术百家，
2005（2）.

[33] 杨冬江. 中国近现代室内设计史[M]. 北京：中国水利水电出版社，
2007.

[34] 曾钰诚. 认真对待民族民间传统工艺保护[J]. 新疆社科论坛，2007
（3）.

[35] 张钦楠，张祖刚. 现代中国文脉下的建筑理论[M]. 北京：中国建筑工
业出版社，2008.

[36] 郑巨欣. 中国传统纺织品印花研究[M]. 杭州：中国美术学院出版社，
2008.

[37] 王焕杰. 传统印染工艺在现代纺织品设计中的应用研究[D]. 北京：北

京服装学院，2008.

[38] 彭冬梅. 面向剪纸艺术的非物质文化遗产数字化保护技术研究[D]. 杭州：浙江大学，2008.

[39] 左尚鸿，张友云. 荆楚国家级非物质文化遗产[M]. 武汉：湖北人民出版社，2008.

[40] 王欣. 浅谈现代家纺产品的装饰性[J]. 国外丝绸，2008（6）.

[41] 邵琦，李良瑾. 中国古代设计思想史略[M]. 上海：上海书店出版社，2009.

[42] 宗白华. 美学与意境[M]. 北京：人民出版社，2009.

[43] 国家文物局博物馆与社会文物司. 博物馆纺织品文物保护技术手册[M]. 北京：文物出版社，2009.

[44] 刘金萍. 非物质文化遗产保护与开发问题研究——以南京非物质文化遗产为例[D]. 南京：东南大学，2009.

[45] 郑高杰，李惠，陈明珍，等. 汉绣市场运营中的绣品优化[J]. 纺织科技进展，2009（6）.

[46] 吴元新，吴灵姝. 刮浆印染之魂：中国蓝印花布[M]. 哈尔滨：黑龙江人民出版社，2011.

[47] 刘道广. 中国蓝染艺术及其产业化[M]. 南京：东南大学出版社，2010.

[48] 杨玉清，贾京生. 同工而异曲：中国蓝印花布与日本红型比较研究[J]. 浙江纺织服装职业技术学院学报，2010（64）.

[49] 龚建培. 手工印染艺术设计[M]. 重庆：西南师范大学出版社，2011.

[50] 郑巨欣，陈峰. 文化遗产保护的数字化展示与传播[M]. 北京：学苑出版社，2011.

[51] 李欣. 数字化保护：非物质文化遗产保护的新路向[M]. 北京：科学出版社，2011.

[52] 冯泽民. 汉绣与非物质文化遗产保护文集[M]. 武汉：武汉出版社，2011.

[53] 吴元新，吴灵姝. 传统夹缬的工艺特征[J]. 南京艺术学院学报，2011（4）.

[54] 吴山. 中国历代服装、染织、刺绣辞典[M]. 南京：江苏美术出版社，

2011.

[55] 赵丰，屈志仁. 中国丝绸艺术[M]. 北京：外文出版社，2012.

[56] 童芸. 中国染织[M]. 合肥：黄山书社，2012.

[57] 吴丽华. 网络数字媒体技术在生物多样性数字博物馆中的应用研究[M]. 北京：国防工业出版社，2013.

[58] 焦秉贞. 康熙雍正御制耕织诗图[M]. 合肥：安徽人民出版社，2013.

[59] 刘月蕊，鲍小龙. 蓝印花布相关工艺关系的研究[J]. 民族艺术研究，2013（8）.

[60] 俞青. 同构图形在海报设计中的表现[J]. 长江大学学报，2013（12）.

[61] 王受之. 中国现代设计史[M]. 北京：中国青年出版社，2015.

[62] 陈启祥. 非物质文化遗产数字化保护的研究[J]. 科技创业月刊，2015（12）.

[63] 赵丰，袁宣萍. 中国古代丝绸设计素材图系（图像卷）[M]. 杭州：浙江大学出版社，2016.

[64] 梁惠娥，张守用. 服饰博物馆数字化展示与实体展示比较[J]. 服装学报，2016（6）.

[65] 张晓霞. 中国古代染织纹样史[M]. 北京：北京大学出版社，2016（9）.

[66] 老子. 道德经[M]. 北京：天地出版社，2017.

[67] 朱家溍. 明清室内陈设[M]. 北京：紫禁城出版社，2017.

[68] 曾淼，于洋洋. 浅析艺术衍生产品设计与生活方式的关系[J]. 美术教育研究，2018（6）.

[69] 江莎莉. 中国传统印花工艺在纺织品设计中的应用[J]. 染整技术，2018（7）.

[70] 王硕. 中国传统文化元素在现代室内设计中的运用[J]. 居舍，2021（12）.